设计与艺术
Design&Art

规划 建筑 景观 经济 人文 艺术

王云 著

人民日报出版社

图书在版编目（CIP）数据

设计与艺术 / 王云著.
——北京：人民日报出版社,2012.2
ISBN 978-7-5115-0825-6

Ⅰ．①设… Ⅱ．①王… Ⅲ．①建筑理论②建筑设计
③建筑艺术 Ⅳ．①TU-0②TU2③TU-8

中国版本图书馆CIP数据核字(2012)第023761号

书　　　名：设计与艺术
作　　　者：王 云
_____

出 版 人：董 伟
责任编辑：银 河
封面设计：赵永侨
_____

出版发行：人民日报 出版社
社　　　址：北京金台西路2号
邮政编码：100733
发行热线：（010）65369527 65369512 65369509 65369510
邮购热线：（010）65369530
编辑热线：（010）65369525
网　　　址：www.peopledailypress.com
经　　　销：新华书店
印　　　刷：北京市荣海印刷厂
_____

开　　　本：889x1194毫米　1/16
字　　　数：145千字
印　　　张：9
印　　　次：2012年2月第1版　2012年2月第1次印刷
_____

书　　　号：ISBN 978-7-5115-0825-6
定　　　价：38.00元

目录

设计篇 13

前 言

人们常说从事自己喜爱的工作是一种幸福，如果再能将自身的爱好用之于工作中，那更应该是一种幸运。

设计与艺术，一项是我的本职工作，一项是我的业余爱好。大约十年前，我隐约觉得书法之于我已由一种单纯的爱好演变为一种责任，因为我觉得这其中有很多有意义的东西。我尝试将在艺术中获得的感受用之于设计，期待创作出我内心渴望的审美作品。

同时，在不断接受西方设计理念的过程中，艺术观念也受着潜移默化的影响，因而我也在艺术方面做出一些新的内容。设计与艺术就这样在内心不断靠近，以致逐步相互渗透、相互影响。

一个规划师、建筑师、景观师，他的使命应该是什么？

起初我只是想去创造优雅的人居环境，后来我觉得我们还应该去关注土地的经济效应，我称之为土地力量。我们要生活得优雅，但更应该首先关注我们如何在土地上持续生存。

所以起初将近10年的时间，我一直在规划、建筑、景观三个专业的整合设计方面探索，后来我选择旅游规划作为突破口，结合经济、人文与艺术来共同思考土地的持续发展之路。也即从以前的三个设计专业整合上升到规划、建筑、景观、经济、人文、艺术的"六元整合"。

全书分为三篇来阐述，分别是理论篇、设计篇和艺术篇。理论篇主要写设计和艺术的核心理念——元生主义以及土地单元经济和新我人文、优质心理学与正闲美学理念，元生主义不仅适用于设计，也是艺术创作的准则；设计篇主要讲解了战略策划、区域总体规划、旅游产业发展总体规划、景区规划、休闲

北京植物园局部景观

十年前，我怀着对景观设计的渴望来到北京，开始了专业整合的一个新历程。植物园是对软质景观获得感性认识的一个好去处。

度假区规划、温泉度假区规划、建筑设计、景观设计等内容，核心思想仍然在于"整合设计带来土地之审美与动力"；艺术篇则分为书法绘画、诗文梦想、象棋足球等章节。

好的艺术修养对于好的设计作品的创作肯定有着至关重要的意义，但这也只是设计的一个方面，并非全部，规划设计是一项技术工程，必须结合多方面的专业技术，才会具有可实施性。本书对于能从各类工具书中查到的数据和资料，在此都未做罗列，以免浪费读者时间。但此类问题非常重要，是设计之硬性原则，本书中所谈主要为软性原则。

书中涉及城市规划、建筑设计、景观设计、哲学、美学、艺术、心理、逻辑、经济等方面学科，限于篇幅，未做充分展开，如有含混之处，敬请查阅相关书籍。

本书的写作，得到了杨乃济老师、刘兴权老师等诸多老师悉心指导，陈宏吉先生也提出了许多宝贵意见，在此深表谢意！同时十分感谢赵永侨女士、张彦小姐为本书的无私付出！

本书除明确标注外，设计图纸均为景创公司所设计之项目。

王 云

2012年1月于北京

自 序　　纵贯整合设计之路

　　很多历程，起初或许只是因为直觉、爱好，或性格使然；直到一路走了很多年后，才渐渐清晰其中的意义和方向，之后再明确地走下去。

　　对"优雅的城市、建筑、景观环境的渴望"、对"人文的眷恋"以及对"战略系统的真实价值模式的审视"，让我的职业道路开始了一条有意识的专业整合之路，一条潜意识的人文整合之路，一条无意识的纵贯整合之路。

专业整合

　　也许是"怀疑"态度的驱使，我在1997年城市规划专业毕业后，觉得单纯的"规划"显得很空洞，难以创造我心中想象的城市环境，便进入建筑设计院从事建筑和规划设计工作。几年之后，俞孔坚老师回国倡导"景观"设计的理念，我意识到这是对城市规划、建筑设计的又一巨大补充；2000年底，我来到北京，进入俞老师创立的土人景观研究所工作，并在北大景观设计中心学习景观；很幸运自己能在土人迈进景观设计的大门，也很感谢俞老师这期间对我的教导。这段经历对我的"专业架构"产生了本质性的影响，我开始系统地思考建筑、规划、景观三大专业的关系，渐渐萌生了三大专业整合设计的想法。

　　2002年我进入EDSA公司工作，总裁陈跃中先生给了我很大的教导和培养，使我从一个设计师逐步成长为第六工作室负责人。许多启迪，一直让我心存感激！这期间，大量的有影响力的项目实践以及广泛的交流，使我在休闲度假、旅游规划、地产规划、景观设计等方面有了巨大提高，这也促使我深入思考了大型综合项目更科学的设计流程和配合模式，以及"生动设计"的诸多要素。

　　为了使"整合设计"的理念更好地主导项目的全盘实施，并在项目的全程实践中检验、优化这些设计理念，两年之后，我进入意格设计公司担任规划部门主管，和总裁马晓暐先生一起全面实践整合设计理念。他对设计系统的逻辑性、系统性十分讲究，他的职业精神和人格也一直让我十分崇敬！受他的影响，我开始建立系统的规划、建筑、景观三个专业的系统整合设计理念和流程，同时，也逐步意识到一个区域或一个项目的发展，包含社会、人文、经济等诸多层面，"整合设计"应该在"专业整合"的基础上整合更多的相关要素！

一个区域的规划，要想获得优雅动人的整体效果，不应该把专业割裂，而应该培养出对规划、建筑、景观等专业都通晓的设计师，由他们领衔，全面协调各专业设计师，将其整合成一个完整团队来设计，而不是划分成若干道设计程序，由各专业人员分阶段设计。这就是整合设计。

人文整合

虽然大部分时间一直接受西方的设计思想，并以此作为设计方法；但是长期以来在潜意识里，我一直受着一种东西的影响——传统人文！

什么是传统人文？

传统人文就是能带给我们乐趣、启发我们思考并让我们保持独特，不被潮流淹没的东西。

除了文学、历史、风土人情这些方面外，于我而言，书法和象棋给了我很多启迪；6岁学棋、11岁练习书法，到今天它们还在给我带来乐趣。在大学学设计课的时候我就觉得，很多东西自己从一些爱好中很早就领悟到了——"间接意义"——传统人文带给我们的不仅仅是怡然自得的乐趣，更让我们建立了审美原则和思考方法。

或许和学理工科有关，同时多年在有国外设计背景的公司工作，我更习惯于在艺术中寻找逻辑和方法，用理性的观点来反思人文。人文最大的意义是让我们在生存中保持独特性，但要找到持续发展的存在之道！人文也是需要创新的。创新是为了解决人文对当今的适应性。人文就是独特性，新我人文就是使人文具有新的适应性！

将人文思想融入到设计中，同时也用新的思想来反思人文——长期以来，我的梦想是将人文和设计结合，使相互都产生积极的影响。设计方面，充分吸纳西方的设计理念，注重本土人文气息的融入；同时不一味固守传统，倡导新理念的冲击，反思沉淀出来的"新我"人文气息。

做出独特的有生命力的设计，又用新的角度看待传统人文，创作出新的内容。

纵贯整合

专业整合能满足土地塑造诗意人居环境的要求，但是，它有一定的被动性，在现实中，人们还希望项目能带来更广泛、更持久的价值；这样，设计就需要再次外延，将经济、产业、资源、人文、艺术、旅游等众多的要素整合成一个大的流程系统。

自2006年景创公司成立后，这一阶段，在战略研究、市场营销等宏观方面，先后得到了邵春老师、杨乃济老师等很多前辈的教导，公司团队逐步能更宏观地将前期诸多要素纳入到设计系统中。团队将"专业整合"设计迈向了一个更广泛、更主动的阶段——"纵贯整合"：设计不再是单纯的对人居环境的创造，更在于深入思考，主动研究土地最合理的持续价值模式，更主动地去造福生活在这块土地上的人！

纵贯整合包含两大层面的内容：

生存——区域之力——区域获得持续动力的规划战略；

生活——区域之美——区域产生优雅美感的设计理念。

设计犹如人生，人不能只迷恋诗情画意的生活，还应虔诚感悟生存之道，懂生存之不易，从而更懂生活。我渴望设计既是有力量的，但更是有美感的，只不过在此专注的不是社会和人的关系，而是区域土地及在土地上生活的人的生命力。

在市场经济时代，任何一个区域要和谐地发展下去，都必须兼顾竞争的生存和诗意的生活两方面——既要有动力又要有美感；所以整合设计就必须建立一套能适用于生存和生活两方面要求的理论系统。

当今设计潮流多以形式确立风格，或者直接以新代旧，而避谈思想之本源，这样导致我们不知道来的路，更找不到未来的路。

我尝试从哲学的角度思考设计的本质，我把这些感悟和在艺术方面的感受归纳起来，称之为元生主义。

王　云

2011年10月于北京

理 论 篇

设计与艺术皆需深层次哲学之指引，方能无惑于胸，以致蕴独特之精神，现独特之面貌。

当今之设计与艺术，与起源日趋遥远，以致我辈渐不知其本源，故有探源之思；而时代变迁之迅猛，前辈之理念亦不足用，故有创新之想。

于设计、于艺术，皆欲求更本质之法，故"探"；欲求更高效之法，故"研"；欲求更延续之法，故"衍"；欲求更适时之法，故"创"——"探研本元，衍创新生"，此即元生主义思想之由来。

为解甚多之困惑，求索于哲学、美学、艺论、心理、经济，受益良多，终觉人为根本，故以正心闲心分心理为两面，以正美闲美归艺术于两类，欲以此为设计与艺术之心理指南。

此即本篇之统筹理论，不求思维之缜密，但求明理以得法，以为务实之需！

繁茂生长的豆角花

多年前的一个夏天，我回到故乡，正逢篱笆上开满了豆角花，期盼对设计理论的探求，也如夏花一样充满生命力。

元生主义

探研本元 衍创新生

元生主义是通过探求资源形成的初始
原理、研究资源利用的最佳方式，从
而衍生并创造出兼具审美与力量的新
生的一种思想

第一章　元生主义理论综述

　　众多大师已经建立有非常完善的设计系统和艺术法则，我们还要继续探求新的"理念"的最本质的原因在于——环境资源日益短缺！这不仅影响了行为模式，而且影响了我们的审美心理。如果把设计与艺术理念比作一台发动机，我们现在需要去寻找更"省油"、更高效的模式，并由此建立新的审美理念——这是时代之需求，也是新生之土壤。对这种资源本质的思考并不会制约我们的创造力——资源高效利用，反而会让我们继续创造新的唯美的答案——设计繁荣自然！

　　元生主义不仅是一种设计理念，而且也是一种艺术态度，它是一种探讨人与环境的相生相长、人与人文相承相衍的哲学思想。

理念缘起

　　在设计和艺术创作中，一直有一种类似的困惑，那就是有一些问题感觉到很重要，又不是原则问题，很难从现实的资料和规范中寻找到答案，但这些问题却实实在在地困扰着我们，如若不建立一套系统，则会影响我们思考的方向和创作的效率，姑且在此称其为软原则。

　　例如在设计中，一些重要的原则在规划设计规范和建筑设计规范中都能有明确的规定，但我们往往是被那些没有明确规定的东西困惑不已，费神费时；又比如书法艺术，重要的笔顺原则书籍里或者老师都说得很明白，有些笔画，尤其是行书和草书，因为没有记载笔顺，而字又是古人写的，所以我们仅靠查询的方法是找不到准确答案的。

　　那怎样摆脱这样的困惑？一种方法是从形态入手找答案，但也并非全能找到答案；还有一种方法是从原理上思考本质成因，寻找到哲学规律。

尝试建立一些现象背后的软原则，从而指导我们面对未知领域的思考方向，从而建立具有适应性的新理念，创作出新生，这是元生主义的缘起。

概念定义

元生主义是通过探求资源形成的初始原理、研究资源利用的最佳方式，从而衍生并创造出兼具审美与力量之新生的一种思想。

元指各类资源，生即新生事物；元生主义即探研本元、衍创新生！

探求本源就是探求潜藏在形式背后的生存之道，寻找资源背后的存在哲学。这里资源泛指各类事物。

很多艺术在起初的时候并非为了美，而仅仅是为了生存，人们会为这些生存建立一些经验法则，这就是生存之道。在艺术逐渐脱离现实，成为一种纯艺术之后，虽然已没有初始的生存之需，但它们依然潜藏在形式的背后，这就是艺术的生命力。

艺术生命力就是潜藏在艺术中的原始生存之道！

当今很多艺术已经距离本源太远，以致很多人迷失了方向，不再具有创造的原动力，因而丧失了艺术生命力！

当我们已经和文明之源相距甚远，无法直接建立联系的时候，可以用这一方法思考、求索解决问题之道。

探求本源是保持创作生命力的基础。

研究资源高效利用是时代要求，不仅要追求终极的效果，还要研究为达到这一效果所消耗的资源最少的方式。

衍创指一种有母体的延展创新，不是盲目为新而新，那样新将失去意义。衍创新生就是有母体、有基础，又依据新的生存要求创新出新的适应性。

元生相循

元生主义关注的是资源的过去与将来的持续更迭、和谐存在。

元生主义，从《易经》之"生生之谓易"中获得启迪，认识到"资源"是"新生"的物质根本，而"新生"是"资源"的价值体现；"元"是生的基础，"生"是"元"的意义。

元生主义倡导以节约自然为手段，以繁荣自然为目的；节约资源，但并不因此而停止追求对自然的丰富与更新；以元为本、以生为标，使资源得到更优化、更持续的利用，使自然变得持续繁荣。以节约自然为时代要求，以繁荣自然为最终目标！

美力互生

元力生美指因循着生存的需求进行的创造力活动可以产生美——力到了极致可以产生美。这类活动对资源的消耗往往是最少的，这是实用主义的价值根本。长城、金字塔等许多人文古迹都是为力而生，却传世而成为一种美！

元美生力指过去美好的资源在今天会产生力量。许多美好的城市建筑、艺术品今天产生了巨大的价值，可以说美是一种传世之力！

三元之法

三元法是元生主义的思想原理；三元法从老子"道生一，一生二，二生三，三生万物"中吸取灵感，以三为宗；在创造"美"和创造"力"两方面，三元法分为两大类：三分法、三合法。分出精彩，合出力量。遇量少数小则分之，为"三分法"——解决细节问题；遇烦多复杂则合之，为"三合法"——解决综合事务。

三分生美

"三分法"是产生美的方法。元素少于三，则易流于简陋，多于三则过于繁复；西方古典建筑的三段式似乎也是这个道理。

坚持在整体设计上进行三种或三种以上的分解，被分解的元素自身再进行三种或三种以上的分解，这种纵深分解保持在三次或三次以上，会使设计变得亲切、有变化，变得美。

三合生力

"三合法"是产生"力"的方法。三种不同的"元"的组合，可以产生巨大的竞争力，远远强于两种元素的组合。在综合战略中，将众多要素归纳起来，联合生力，这样逐级联合，可以产生强大的"力"。

基础理念

元生主义包含四大基础理念：土地单元经济理念、新我人文理念、优质心理理念、正闲美学理念。为便于阐述，将其归纳为下面两个章节来介绍。

第二章　土地单元经济及新我人文理念

　　经济学家阿尔弗雷德•马歇尔（1842—1942）曾言"宗教力量和经济力量共同创造了世界，虽然尚武和对艺术精神的热爱曾经盛行一时，但宗教和经济的影响总是居于前列，而且它们差不多胜过其他一切影响之和。经济的动机可能不如宗教的动机强烈，但是它对人类生活的影响却更为广泛"；时至今日，宗教对社会的影响已不如从前，但经济对社会的影响却与日俱增。从威廉•配第（1637—1687）的"劳动是财富之父，土地是财富之母"理念，到亚当•斯密（1723—1790）的"个人利己兼可富国的自由市场"理念，再到马歇尔的"均衡价格论"，哪些理念可以给土地管理者或规划师一个清晰的"关于区域土地经济如何持续发展"的答案？也许还没有系统的答案。或许约瑟夫•阿洛伊斯•熊彼特(1883—1950)的"创新是经济的活力之源"理论以及约翰•梅纳德•凯恩斯（1883—1946）的"有效需求"理论，还有保罗•萨缪尔森（1915—2009）的"微观经济学"理论等都可以给我们很多启迪，然而路似乎还得我们自己走！

土地单元经济

　　土地单元指的是可以被管理者统筹的土地区域，它可大可小，例如当一个规划设计师面对一个风景区规划的时候，这个景区就是一个土地单元；当他面对的是一个县域规划的时候，这个县域就是一个土地单元；同样，一个省、一个国家都可以成为土地单元。之所以研究土地单元经济模式，就是为了给土地的管理者或规划者提供一种参考模式，以便为土地持续发展架构一种科学的方式。由于区域的经济因素太过于复杂，在此关注的仅仅是和土地持续发展相关的一些方面。

任何一块土地，小至一个景区景点，大至一个县域、省域、甚至国家，要使其土地上的安居人群获得持续而优雅的生活，都必须拥有其适合的"土地单元经济模式"。

美力双向意义

土地的规划、建筑、景观的设计不同于单纯的艺术，它们都具有很大的实用价值，和人们的生活息息相关；而许多艺术的原始形成初期又都是源于生存，所以对"土地单元经济"的探讨有两方面的意义，第一是寻找土地产生竞争力的原理和模式，从而使其产生持续的经济效益；第二是从原始的经济发展规律中探求一些艺术的起源和方向，继而在设计中利用这些创造出优雅的审美环境。

前者称为"土地之力"，后者称为"土地之美"。

土地之力是安身立命之本，土地之美是悦心怡神之源；力为身在，美为心活；力是生存，美是生活；因循生存的本质需求，处理人与自然的关系就可以创造美，美可以不依赖于人的存在而传承；前世之美，可为今世之力。

产业模式分配

起初，人们把土地的生产物交换给别人，形成了第一产业；后来，人们把土地的生产物加工后交换给别人，形成了第二产业；有些人直接把土地交换给别人，或者加点东西交换，这样形成了房地产业；有些人只是让别人来自己的土地上看看，这样的模式就是旅游产业。

土地力量的形成有两种基本模式，一种是流物，一种是流客。

流物就是将物品从自我的土地流动到他人的土地去实现价值；流客就是让他人来自己的土地上创造价值。第一、二产业都是典型的流物模式；而旅游产业则是典型的流客模式。

在土地价值实现的过程中，形成了非常多的产业模式，而旅游产业对土地的消耗性是最小的，而房地产对土地的消耗性是永久性的，但是房地产对于一个未成熟区域的发展也是有许多综合作用的，不能一概论之。而土地单元还包括其上的人文古迹、山水资源、动植物、矿藏等等一系列要素，需要综合考量。

在当今，架构土地单元经济首先就是要建立适合的土地产业模式分配并进行高度的产业之间融合。

产业分配和产业融合是两项关键要素。好的产业分配可以为土地单元构建稀缺性，而产业融合可以带来效率。

土地单元竞争

土地和土地之间存在着竞争，主要表现为两方面，一种是流物的竞争，一种是流客的竞争；前者的代表是产品，后者的代表是旅游。产品流动的是本地的物，旅游流动的是外界的人；产品是区域可以移动的竞争力，旅游是区域不可移动的竞争力。

稀缺性也即土地上生产独特的产品或土地给人独特的感受，就是土地的核心竞争力。拥有独特的人文文化或独特的自然环境，土地就有了产生单元竞争力的基础，否则就需要对人文、环境等要素进行创新。

新我人文理念

人文就是带给我们乐趣，启发我们思考并让我们保持独特的东西。

人文带给我们的不仅仅是怡然自得的乐趣，更让我们建立了审美原则和思考方法。

人文最大的意义是让我们在生存中保持独特性，但要找到持续发展的存在之道，传统人文也是需要创新的。创新是为了解决人文对当今社会的适应性。

新我人文就是在保留传统人文独特性的基础上使人文具有新的适应性！

将人文思想融入到设计中，而不应该只是人文符号的肤浅移植，这样的设计才是有生命力的。

同时我们也需要用新的思想来反思人文，沉淀出新我人文！

第三章 优质心理及正闲美学理念

心理学是探索人的行为及内心活动的科学，心理学的起源可以追溯到古希腊，代表人物有柏拉图（Plato，公元前427—前347）和亚里士多德（Aristotle，公元前384—前322）等哲学家；17至18世纪，英国产生"经验主义心理学"，后来发展成为洛克（John Locke，1632—1704）和休谟（D. Hume，1711—1776）所提倡的"联想心理学"，同期，德国产生了"理性主义心理学"，笛卡尔（Rene Descartes，1596—1650）、沃尔夫（C.Wolff）将其发展成为"能力心理学"，之后18到19世纪，生理学的发展对心理学产生了极大影响，19世纪中叶，随着冯特（Wilhelm Wundt，1832—1920）的出现，科学的心理学诞生了。冯特的"构造主义心理学"及美国心理学家华生（John Watson，1878—1958）的"行为主义心理学"是这一时期西方心理学两大重要派别。同一时期有德国心理学家韦特海默（Max Wertheimer，1880—1943）等人倡导的"格式塔心理学"（德语Gestalt意为"整体"），弗洛伊德（Sigmund Freud，1856—1939）的"精神分析学"及荣格（Carl G. Jung，1875—1961）的"分析心理学"，这些学派皆产生有巨大影响。

优质心理

美国心理学家亚伯拉罕·马斯洛(Abraham Harold Maslow，1908—1970)把需求分成生理需求、安全需求、归属与爱的需求、尊重需求和自我实现需求五类，依次由较低层次到较高层次排列，还认为在人自我实现的创造性过程中，产生出一种所谓的"高峰体验"的情感，这个时候是人处于最激荡人心的时刻，是人的存在的最高、最完美、最和谐的状态，这时的人具有一种欣喜若狂、如醉如痴、销魂的感觉。正因为如此，所以有人说弗洛伊德为我们提供了心理学病态的一半，而马斯洛则将健康的那一半补充完整，似乎更客观的说法应该是弗洛伊德升华医治了心灵的困苦，而马斯洛则升华了心灵的美好！不同的时候会有不同的心理情绪，从设计和艺术的角度而言，有些情绪是对设计与艺术创作有益的，是良性心理，我们将这一类心理称之为优质心理。优质心理分为两种：正心理和闲心理。

正心理与闲心理

正心理是一种向外向上的积极心理状态，类似儒家思想中所说的"入世"心理。这是一种意在学习、创造、改变外界的心理状态。

闲心理是一种向内回归的轻松心理状态，类似儒家思想中所说的"出世"心理。这是一种意在内省、休闲、放松自我的心理状态。

前者关注的是人与外界的互动，后者关注的是人与内心的互动；正是这种心理状态的不同，产生了对艺术创作者的风格的巨大影响。

同一个人在不同的年龄段，会有不同的心态，这一点也是艺术家在不同的时期有了截然不同的风格的一种原因。

设计和艺术，前者服务于人，后者因人而创，设计的对象——客户群的心理也正是因为这种不同的心理状态，产生了不同的动机需求！

正美与闲美

正美与闲美是元生心理美学的两大分类，正美是在正心理状态下创作出的美，闲美是在闲心理状态下创作出来的美。正美是一种类似"错彩镂金的美"，闲美是一种"芙蓉出水的美"。

正美给人的感受是激动、震撼、崇拜、华丽、绚烂等。

闲美给人的感受是平静、轻松、恬淡、自然、朴素等。

正美是在积极地对话世界，而闲美是在逍遥地放飞心灵！以正美和闲美的分类来看待东西方设计与艺术，就会有不同的理解。

当站在卢浮宫、凡尔赛宫的写实油画面前，驻足梵蒂冈中拉斐尔的画前，仰望西斯廷教堂米开朗基罗的杰作时，那是一种怎样的震撼与陶醉！这是正美。

　　当随手翻开一本国画，无论是王蒙的《葛稚川移居图》、《松山写作图》，还是石涛之《唐人诗意图》，或是任柏年的花鸟等等，都让人"烦顿之心开除"居闹市而觉心远逸。这是闲美！

　　所以当你用平和之心态看待的时候，会觉得这是两种不可或缺的美，我们不能天天讴歌上帝，也需要抚慰心灵！所以科学的透视规律在正美中被发展，而"散点透视"是在透视心灵！

　　正美和闲美可以按照一定程度混合出现，塑造经典。当你看到《康熙御制耕织图》等很多国画作品的时候，都会由衷感叹，西方的正美已经融入到了东方的闲美中；而当你细细品味梵高的画作的时候，又会觉得他的画能给人那么轻松的感觉，竟和国画有通神之处！而梵蒂冈的绘画艺术现代收藏部分，越来越显得"闲美"，是否真的预示着时代越繁忙，越渴望"闲美"！

　　艺术的正美阶段必不可少，之后以闲心理做引导，或可达到"境界"说，于此不敢妄言，唯求明理笃行于艺术之路！

设 计 篇

　　区域性土地的设计流程，大致有战略策划、可行性研究、总体规划（包括城市总体规划、旅游总体规划）、概念规划、控制性规划、修建性详细规划、建筑设计、景观设计等。

　　在旅游项目方面，根据项目的性质不同，又可以分为旅游产业发展总体规划、风景区规划、度假区规划（包含温泉度假区规划）等等。

　　当今的规划设计，已经进入到了一个将规划、建筑、景观、经济、人文、艺术等要素融合起来，通过构建独特性、优雅性、持续性来获得土地力量、土地审美、土地持续发展，即六元整合设计。

京都东大寺建筑局部

当站在东大寺前的时候，我极其震撼于它的美，也惊讶在异国他乡，中式传统建筑竟如此完美地被保存着。而且生机勃勃！设计该如何面对传统与未来，值得我们深思！

第四章　战略策划

20世纪50年代初美国人罗瑟·里夫斯提出"独特卖点"——USP理论 (Unique SalesProPosition)，这一点现今为大家普遍追求，因而"独特卖点"的寻求日益艰难。60年代会出现大卫·奥格威的品牌形象论，通过注重产品实质同时注重心理体验来获得竞争力；70年代美国人特劳特和里斯(Trout•J & Rise•A)提出定位论，强调心理差异和个性差异。这一变化历程，正是"产品自身独特卖点"逐步结合"客户体验独特卖点"的过程，产品本质及消费对象都是应该被关注的重点。这些营销理论可以很好被用在规划前期的策划工作中，如果能在创意阶段就结合"独特卖点"和"心理利益"，就会同时为产品实质和营销卖点做出铺垫，这对规划设计十分重要。这是在此列出这些内容的原因。其他如马太效应、木桶效应、4P理论等则更多是用在市场营销方面。

概念定义

策划应用在众多领域，有时候甚至一个单体的建筑设计都需要系统的策划，所以对于区域土地的持续发展，前期策划已经是一种必须。

对于策划的定义有很多种，在此从最本质的目的角度给出一种定义：策划就是使产品增加竞争力的一种脑力行为。

策划对规划有重要的指导意义，随着人们对策划的日益注重，传统的规划模式也发生了重大变化。

工作模式

策划先行，以解决产品的同质化问题。策划的目的是首先挖掘项目的独特卖点，并将其扩大、张扬，以突出其与周边产品的差异性。在策划的基础上再进行规划，才能避免项目的同质化。这是增强产品吸引力、避免恶性竞争的重要问题，是营销效果好坏的前提之一。

将产品规划与营销规划同步来做。营销规划使产品建设更具针对性和适应性，产品规划使营销内容更具丰富性和贴切性，二者主题贯穿一气，思路和方法丝丝相扣，产生良好的互动关系。

核心内容

对于规划设计而言，策划内容较为复杂，大致可以包含如下内容：

（1）基础调查。对现状资源及周边环境调查，给出综合条件评价，包括区域自身及其周边整体大环境状况。

（2）SWOT分析。要深入分析项目的优势、劣势、机遇和挑战。

（3）市场分析。主要通过客源市场现状分析，目标客源市场分析、市场细分（包含地理细分、年龄细分、出游次第细分、出游目的细分等）、客源市场构成分析（包含一级客源市场、二级客源市场、潜在客源市场）等方法分析预测市场对项目产品的需求量，分析同类产品的市场供给量及竞争对手情况，初步测算项目的经济效益。

（4）项目定位。依据各类分析确定项目定位。

（5）主题概念。提出明确的项目发展主题，包括对市场的把握、对人文的分析、对现状环境的思考，更重要是创意的融入。

（6）标识设计。为项目设计明确的标志，甚至可以延展到CIS战略体系。

（7）产品策划。在明确的主题下策划出具体的产品，包括给顾客带来的独特体验等。

（8）营销策划。通过抽样调查、问卷暗访、开座谈会、收集信息等方式，进行综合分析，确定客源地、锁定目标客源层，从而选择营销媒体、设计营销活动、制定资金投入计划等。

（9）投资分析。确定项目建设内容，进行投资分析，包括投资计划、收入预测、现金流量分析及盈亏平衡点等。

所有以上内容，很多项都是技术性的，可以依照一定的模式进行。其中主题概念和标识设计两项是最需要创新的。

下面将主要探讨这两项重要内容：主题概念与标识设计。

概念是一种高度的创意归纳

标识是一种极简的形象表达

概念反映特征

标识展现精神

概念是以产生独特卖点为要务的创意和解析的融合

标识是以表现主题精髓为宗旨的创意和审美的融合

概念是市场经济的宠儿

标识是眼球经济的产物

第一节　主题概念

原理概述

策划就是使产品增加竞争力的一种智力行为。任何的项目首先要解决的策划内容就是其发展的主题概念。

主题概念不仅要从资源分析入手，寻找可以做旅游吸引物的部分做出旅游产品；更要在理念上提升，做出形象概括，提炼独特卖点，赋予规划灵魂！这样的主题概念才能形成生产力。产品经济时代主要是卖资源、卖初级产品，市场经济时代则是卖概念、卖产品集群，此时概念的提炼非常重要；特别是旅游这种商品，需要市场先认可概念后才会购买旅游产品。

主题概念有两方面的要求：①能动营销；②持续执行。前者要求主题具有竞争性、创新性，后者要求主题具有真实性、适应性。这两方面存在排斥性，也即吸引人的东西总是很难实施，而很容易实现的东西又往往不吸引人。

主题概念需要提出明确的项目发展主题，包括对市场的把握、对人文的分析、对现状环境的思考，更重要是恰当的创意融入。概念是一种高度的创意归纳，概念是以产生独特卖点为要务的创意和解析的融合。

创意方法

三元组合法：　空间环境+人文文化+市场需求

（地　脉＋人　脉＋经　脉）

　　空间环境用于保持可行性，人文文化用于带来独特性，市场需求用于解决经济性；"三元组合"可以让产品具有经济效益，同时保持独特卖点，产生持续的吸引力。空间环境推衍解决的是适应性问题，人文文化融入解决的是独特性问题，市场需求导向解决的是经济性问题。一项设计和创意如果把这些要素结合好了，就有可能带来最优化的价值。

　　1. 空间环境推衍——地脉

　　空间环境在一种理性的逻辑中被逐步推导、衍创出来，这样的空间环境就具有高度的可行性，拥有良好的生命力。

　　2. 人文文化融入——人脉

　　人文就是遗留下来的独特性，但往往欠缺适应性，所以新我人文的恰当融入，能带来具有适应能力的独特性，正是这种独特性带来了持续价值。

　　3. 市场需求导向——经脉

　　以市场需求为导向，才能真正实现产业化，从而逐步走上良性的发展轨道。

　　主题概念大到一个城市的发展，小至一池春水的景观，同样也包含艺术创作，下面将按照空间由大至小的顺序列举案例。

项目案例

　　一座城市、一个园区、一个度假村、一个会所或是一个公司，都可以拥有独特而美好的创意。

　　创意是一种独特的价值，创意也是一种艺术，一种美。

　　创意有时候是灵光闪现，有时候是一种艰苦的系统求解。

　　一种珍贵的人文精神犹如一盏明灯，指引着创意不断向前。

主题概念创意结构

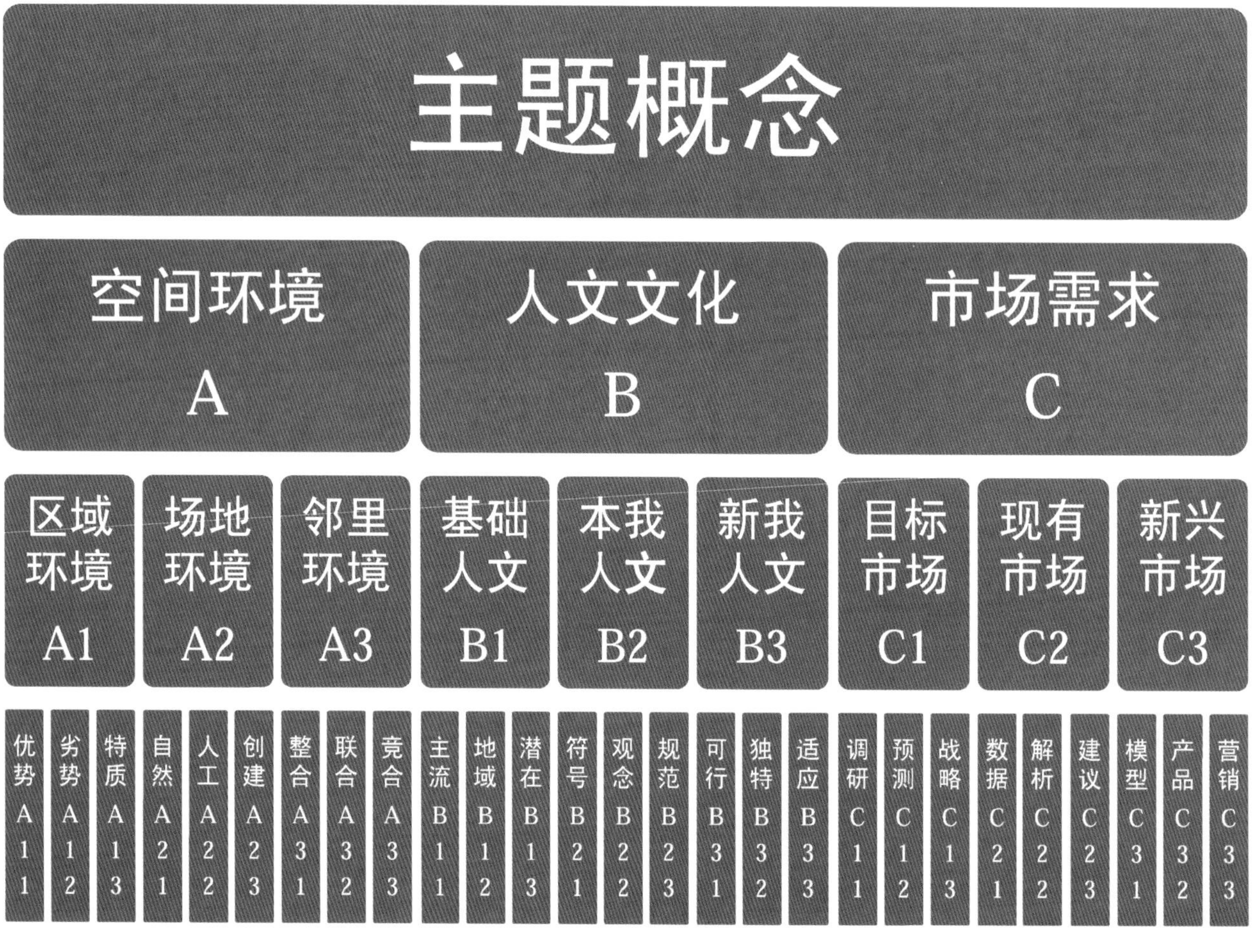

主题概念								
空间环境 A			人文文化 B			市场需求 C		
区域环境 A1	场地环境 A2	邻里环境 A3	基础人文 B1	本我人文 B2	新我人文 B3	目标市场 C1	现有市场 C2	新兴市场 C3
优势 A11 / 劣势 A12 / 特质 A13	自然 A21 / 人工 A22 / 创建 A23	整合 A31 / 联合 A32 / 竞合 A33	主流 B11 / 地域 B12 / 潜在 B13	符号 B21 / 观念 B22 / 规范 B23	可行 B31 / 独特 B32 / 适应 B33	调研 C11 / 预测 C12 / 战略 C13	数据 C21 / 解析 C22 / 建议 C23	模型 C31 / 产品 C32 / 营销 C33

图 4.1 主题概念创意结构

创意钢琴

每一个成功的案例，都有一个鲜明的主题概念。主题概念的创意可以遵循一定的创新模式。创意钢琴正是将创新模式归类化，使得创新有迹可循，同时又有一定的检验标准。

不同项目的创意，并非一定要用到所有的元素，正如一首动听的音乐，它只需拥有属于自己的音符。

主题概念创意案例

景创公司的名称由来
景泛指土地之美，"景创"意即尊崇土地之美，创造持续价值
景观创造价值，设计繁荣自然是元生主义设计思想的延续

01　　　　2006年

好客山东
好运荣成

在山东荣成旅游发展总体规划初稿中提出，作为中国好运角的宣传口号，起初未引起专家重视，第二年被作为荣成旅游央视宣传词

02　　　　2008年

中　华
文化湿地
长　宁
生态水城

西安长安西市文化产业示范区总体规划主题，是文化和湿地的组合创意，低碳引水也是另一重要战略

03　　　　2009年

橘 温泉

在南丰县旅游产业发展总体规划中提出是温泉和当地特色产业结合发展的思路，属"产业融合型温泉模式"

04　　　　2010年

橘　子
古　镇

江西南丰县洽湾古镇总体规划主题，是一种将本地特色农业产业和古镇旅游相结合的创意，为古镇旅游提供了一种新的思路

05　　　　2011年

为清华规划院风景园林所所做温泉报告，是以老子"三生万物"为灵感，以温泉三境界和道教文化结合而创，属"文化融合型温泉模式"

06　　　　2011年

中　国
海　吧

山东威海荣成市蔡家庄临海悬崖区域旅游主题，旨在利用海上美景及山海资源，打造独特的滨海餐饮文化

07　　　　2010年

山水泉

楚国泉乡　山水相依
温泉养身　清泉养性

湖北中旅龙佑温泉度假区景石题词内容，倡导打造宁静的户外景观温泉，属"户外景观温泉模式"

08　　　　2004年

图 4.2 主题概念创意案例

案例一 中国好运角——极地圣境 好运荣成

策划类型：旅游产业发展主题策划
项目地点：山东威海荣成市
策划单位：北京景创规划设计有限公司
策划主题：中国好运角

山东威海荣成市是中国大陆伸向海洋最东端、中国海岸线上最早迎接朝阳的城市，位于城市东北端的成山头风景区，是国家AAAA级风景名胜区。荣成拥有中韩最近的海上港口、国家一类开放口岸——龙眼港。荣成每年接纳韩国游客约60万人次。

成山头景区素有"天尽头"之称。但此概念在市场传播中出现负面因素，使政府官员、职场人士、商人及祈福人群等客人产生抵触心理，影响客源增长。因此，重新塑造成山头的形象，打造新概念，覆盖"天尽头"的消极影响成为必要。

"中国好运角"概念便是在这种背景下提出来的。

南非好望角是可供参考的案例。好望角是非洲西南端的岬角，位于34°21′S，18°30′E处，北距开普敦52公里，正好处于印度洋与大西洋的交汇处。强劲的西风急流掀起的惊涛骇浪常年不断，这里除风暴为害外，还常常有"杀人浪"出现。这种海浪前部犹如悬崖峭壁，后部则像缓缓的山坡，波高一般有15至20米，在冬季频繁出现，还不时加上极地风引起的旋转浪，当这两种海浪叠加在一起时，海况就更加恶劣。这里还有一种很强的沿岸流，当浪与流相遇时，整个海面如同开锅似的翻滚，航行到这里的船舶往往遭难，因此，这里成为世界上最危险的航海地段。

欧洲早期的航海家为了贸易安全，需要避开海盗频繁出没的地中海，绕过非洲，开发新的航道前往印度，与亚洲进行商贸活动。1488年葡萄牙航海家迪亚士在寻找欧洲通向"黄金之国"——印度的航路时到此，因多风暴，迪亚士

图 4.3 山东荣成旅游总体规划
总体产品布局鸟瞰图

为此地取名"风暴角"。葡萄牙国王若奥二世认为绕过这个海角，就有希望到达梦寐以求的印度，因此将"风暴角"改名为"好望角"。并于1497年7月8日，再次派达伽马探索通往印度的航道，这一次成功驶过好望角，次年抵达印度和葡萄牙，完成了世界航海史上的一个壮举。"好望角"这个名字从此遮蔽了原有"风暴角"的名字。随着这条新航线的发现，越来越多的船队从这里来来往往，"好望角"这个神奇的名字，逐渐传遍了世界各地，连同角城开普敦一起成了南非著名的旅游胜地。

从中可见"讨彩头"的确是一种不可忽视的消费心理，它赋予某一区域独特的文化吸引力。新概念的打造使一个有负面影响的地方获得了新生。

好运角的概念有如下的形成基础与特点：

1. 新概念与人们祈福、祈寿的心理相一致

自秦始皇到荣成成山头来祈求长生不老，祈求国泰民安后，很多帝王都来过成山头。若改为"好运角"，则好运与健康长寿的主题相吻合，既符合历史本来就有的文化底蕴，又有利于寄托现代人们祈福、祈寿的美好愿望。

2. 新概念与极地区位相一致，而且有利于更好地张扬极地优势

"角"是突出部位，不是凹陷部位，有希望成为极，成为"极"后，就有希望被人们记住、被人们热议、被人们追捧，喜欢前往探奇，便成为了"必去的理由"。"极"也是多层面的概念，例如，世界屋脊是高空的极，百慕大是水深的极，吐鲁番是陆地海拔最低的极，南极和北极是方向的极。成山头是中国陆地伸向海洋最东边的极，它比台湾岛东缘还要向东68分，是名副其实的中国海岸线的最东端。南非好望角附近的城市叫开普敦，"开普（Cape）"的意思即为"角"，"开普敦"即为"角城"。荣成的地貌极为奇特，湾多，角多，是名副其实的角城，所以，"东方好运角，中国开普敦"便成为荣成的新形象。

3. 与威海建设"千里幸福海岸线"整体构想相一致

新概念使荣成规划与威海市规划相衔接，使"东方好运角"成为"千里幸福海岸线"的明珠和龙头。

4. "好运文化"符合全世界人民对美好愿景的共同追求

"好运"是人类共同的愿景追求，西方的《圣经》，东方的"四书五经"对于运气、好运、命运都有许多精彩的论述。西方人见面、写信普遍使用的问候语便是"Good　Luck"。世界各地、各种族在语言上，体现共同的文化心

理、一点即通的词汇是不多见的，"好运"当数其一。所以，使用"好运角"这个概念，是沟通东西方文化的最好接口。荣成有"好运角"，"好运角"在荣成，本身就是非常幸运的事。

5. 新概念与中国改革开放的基本国策相一致

所以，荣成将"天尽头"更名为"好运角"，有以上理由作支撑，讨了一个"好彩头"。过去，也有人称"天尽头"是中国的"好望角"，但通过资源、市场和消费心理的对比分析，得出的结论是：复制不如覆盖，一个全新的概念，可以刷新原来概念的消极影响。"好运角"不仅仅是一个旅游地的概念，而是一个城市形象的概括；不仅仅是旅游行业的一个营销策略，而是城市整体营销的一个关键词；不仅仅中国人喜欢好运文化，海外市场也易于接受，营销中节省了概念转换所消耗的人力、资金和时间成本。一举多得，何乐而不为？

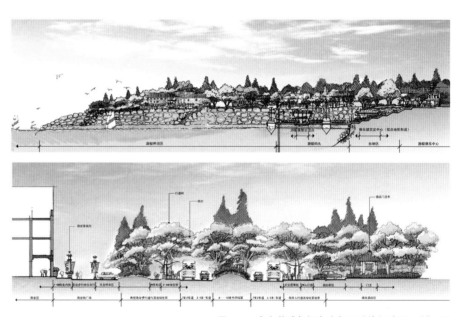

图 4.4 山东荣成好运角度假区滨海酒店景观剖面图

案例二　橘子古镇——果镇很美 果真很美

策划类型：景区旅游发展主题策划
项目地点：江西抚州南丰县
策划单位：北京景创规划设计有限公司
策划主题：橘子古镇

走一条前人走过的街，过一座前人经过的桥，那苍老的古树边，是流了千年的河；墙和瓦都已褪色，心却愿意留连；那传说的光阴柔软，是否就是，空气中弥漫了，安详的氛围。

洽湾船形古镇，位于江西省抚州市境内，距南丰县城10公里，面积约0.5平方公里。地处沧浪河湾，盱江河畔，背靠毛蓬山，酷似一艘巨轮泊于山水之间。古镇内现有古建筑67栋，形成自然变幻的古街古巷，幽深静谧、高低起伏。民居、宗祠历史悠久，是"唐宋八大家"之一曾巩的故乡。

目前国内古镇已开发出来的就有220多个。洽湾古镇背山面水，可以说是一种亲水型古镇；国内这种古镇类型大体上可以分成三类：水融于乡型、水穿于城型、水绕山依型。从功能上它们又可分为商贸型和宜居型两种。

1. 水融于乡型

水和村庄交融，水路成为交通路网，也即我们常说的"水乡"，以江浙周庄、同里、角直、西塘、乌镇、南浔等古镇为代表。同时，"水乡"的交通方式和现在城市以汽车等作为主要交通方式上的巨大差异，以及其环境上的巨大差异又正好符合现在游客的普遍心理需求。这样既有丰富的历史遗存，又恰好满足现代人的心理渴望，"水乡"古镇的旅游率先成为旅游热点就不足为奇！

2. 水穿于城型

水贯穿于城，形成若干分支，仍为陆路交通，但水系对生活有重大意义。这类古镇的发展更多的体现是古镇祖辈先人们对水的科学利用，丽江古城是典型的代表。水穿于城的布局充分体现了"以人为本"的思想，它的旅游开发激起了人们对于优质生活的渴望，对城市平淡生活的逃离。

图 4.5 江西南丰县洽湾
"橘子古镇"夜景鸟瞰图

3.水绕山依型

这类古镇往往背山面水，虽然水与古镇的关系不如前二者密切，但往往"山以形胜，水以势美"；如黄河边的碛口古镇，山的气势，河的雄浑，凝成了"虎啸黄河，龙吟碛口"的壮丽图景。黄河蜿蜒而来，顺势而去，在群峰之间的那种博大雄浑，还有什么城市愁绪不被一带而去？它们由此给了人们强烈的感染力而受到人们的喜爱！

洽湾古镇在山水格局上属于水绕山依型，然而沧浪水不比黄河，毛蓬山难如桂林，古镇的感染力借山水之势可借而不可独借。

同时，洽湾古镇在功能结构上属宜居型古镇。详见记载：元朝至顺年间，始祖先均保公撑筏逆水而上，见此处山势盘曲，清潭秀丽，虎踞龙蟠，正合祖先逢塘逢井逢源逢溪注水之地必昌之训，携家眷来此定居……由此可见洽湾是个宜居古镇。这种类型的古镇优点是风水格局合理，缺点是在建筑规模上、景观丰富度上难有震撼的效果。

所以洽湾古镇在山水格局上、在山形水势上、在建筑规模上，从旅游角度而言，优势并不明显。山之形不足以撼人精神，水之势不足以动人心魄，镇之美不足以感人情怀！

按常规模式开发古镇，难度会非常大。古镇旅游如何走出自己的路？

洽湾古镇规划跳出了常规的古镇发展思路，将本地特色农业产业和古镇旅游结合，创意了新的旅游主题：橘子古镇——果镇很美，果真很美。

由此形成以古镇观光、休闲体验为主导，以农业产业和古镇旅游结合发展的新模式。对这一概念创意，主要有如下思考：

1.是符合创意系统的理念

"橘子古镇"将是全国第一个将农业产品和旅游人文资源"嫁接"发展的案例，本身有很强的创意；而南丰是"蜜橘之都"，和全国其他古镇相比，"橘子"是最典型的地域特征！"古镇"则是强烈的人文元素，所以"橘子古镇"在理念上是"概念创意+地域特征+人文文化"的完美组合。

"橘子"有时尚之感，而"古镇"却显得古朴，将时尚和古朴混搭，会让概念产生吸引眼球的作用。

2.是借势发展旅游的理念

南丰有"世界橘都"之美誉，全县也在大力推广这一品牌，"南丰蜜橘"作为一个农产品品牌已经具有广泛的国内、国际影响力，随着这一农产品品牌向"世界橘都"这一城市品牌的发展，它将具有越来越大的市场号召力，而

"橘都"也需要有相关旅游产品来丰富它的这一品牌的内涵，可以说这种结合发展对古镇旅游和全县"橘都"品牌的塑造是双向受益的。

在宣传方面，毕竟镇里实力有限，借全县宣传"世界橘都"之力，做古镇宣传文章，是顺理成章的事情："世界橘都的橘子镇"。

南丰还有曾巩文化、傩舞、南丰小吃、非物质文化等很多要素可以借力（由于曾巩文化园的兴建使得"曾巩文化"只宜做泛主题）。

3. 是蓄势发展旅游的理念

古镇旅游，不求全面开花，蓄势于一点，强力爆发然后逐步求发展，不失为一条稳健之路。

将来洽湾古镇旅游的黄金季节应该是春季和秋季，而恰好在春秋两季，春天的橘花，是非常美的景象，而秋季是蜜橘成熟的季节，是南丰县一年中最灿烂的时段，景区的最佳旅游季节与蜜橘"春华秋实"的吻合，正好可以做好蓄势发展的文章。

4. 是借客发展旅游的理念

每年蜜橘丰收的季节都会有大量的商人来到南丰进行蜜橘的订购，这些商人无论从数量上还是经济条件上都可以作为旅游客源进行开发，给洽湾古镇的旅游带来消费群体；毕竟，向买橘子的客商宣传"橘子古镇"还是会有与众不同的卖点的。

5. 是借果发展旅游的理念

蜜橘果实可直接食用，成为旅游六要素中"吃"的内容。南丰蜜橘以果色金黄、皮薄肉嫩、食不存渣、风味浓甜、芳香扑鼻而闻名中外，吃橘子还有理气健胃、燥湿化痰、下气止喘、散结止痛、促进食欲、醒酒及抗疟等多种功效，让游客在旅游观光的同时吃出健康，吃出好心情。同时，"橘子古镇的橘子宴"也可以顺势开发，延展消费内容，各种和橘子相关的礼品也可以一并获得发展，成为特色。

古镇总体可以概括为以下六个重点建设区域：

橘子古镇中秋月圆，毛蓬山上橘塔赏月；码口街旁橘宴正酣，橘子广场橘舞翩跹；沧浪河里橘船悠悠，橘子古巷橘灯点点。

案例三　3温泉——养身 悦心 怡神

策划类型：景区旅游发展主题策划
项目地点：辽宁本溪汤沟
策划单位：北京景创规划设计有限公司
策划主题：3温泉

一、初步解析

本项目属于大型综合休闲度假区，在整体规划结构方面，我们首先选取了深圳东部华侨城、港中旅珠海海泉湾度假区作为研究对象，同时选取了云南昆明柏联温泉度假村作为温泉产品的研究对象；经过研究分析，以及对本项目的思考论证，我们认为本项目应注重如下几点：

1. 打造独特的温泉主题，建立清晰的品牌内涵——规划主题。

好的主题既是项目营销的抓手，又是项目实施的指南。

2. 注重多元的要素融合，形成复合型项目结构——规划内容。

产业融入、人文融入、观光体验对一个区域的持续发展至关重要。本项目应以温泉度假区为核心，同时包含特色产业区（药材等）、主题人文区、观光体验区等。

3. 打造共享的公共景观，建立有机的区块联系——景观规划。

将各主题区用景观有机联合，使各主题区共享外围大景观的同时还能共享公共区域景观。

4. 发展高端的温泉产品，提供多样的温泉体验——产品规划。

二、体验定位

顶级的景区可以给客人带来三种层次的满足——"身体、身心、心灵"。

（1）健康之旅——健身是第一层次，游山玩水，行走郊野都会对身体起到良性的作用。

（2）开心之旅——但景区不同于健身房，自然环境有很强的情绪感染力，能让我们忘记烦恼，心情愉快。

（3）梦幻之旅——独特的环境还能给人独特的感染：让人惊叹，流连忘返，打动心灵，天人合一，物我两忘，这就是精神方面的感染力。

本项目由于有山、有水、有森林、有温泉，景观丰度、资源独特性俱佳，具备条件打造三层次复合型旅游体验！

对本项目的体验定位如下：

以温泉资源为核心，依托山谷、溪流、森林等资源，融合人文文化，打造独特的温泉产品，在核心区域给游客带来浪漫感受，并以此作为本项目独特卖点！

外围区域结合观光、体育活动等，形成愉悦身心的山水健身、观光、休闲区域。

因此，如何打造独特的温泉区是本项目的核心！其二是如何营造完整的外围体验区。

三、初步概念

首先，从地域特征上看，"汤沟"是对本项目地域特征的恰当描述。"汤"现代即温泉之意；"沟"即流水道之意（水注谷曰沟。——《尔雅》）。汤沟用现代的用语以及扩大的概念来解析，"汤+沟"可译为"温泉+谷"。

这个区域的人文文化，从宏观格局来分析，道教文化应是其人文特点。道教文化现在最顺应市场的主题则是"养生文化"。

以养生为产品主题，以道教文化为人文特点，以温泉谷为区域特征，我们把创意、人脉、地脉关系组合在一起，初步得出一个新的主题：

道教温泉，养生河谷——中国温泉谷。

这个主题，一方面具有市场价值，可作为市场营销的抓手；另一方面可指导项目的规划建设，落地实施。"中国温泉谷"可以作为整体度假区的主题特色，如已有周边相似项目存在竞争，则可以利用本项目独特的溪流、沟谷形式，建立全新的温泉产品模式——巡浴温泉。这样可以将主题概念升级为：

道教温泉，巡浴河谷——中国巡浴温泉河谷。

这样将在国内首创"河谷巡浴"温泉体验模式，将道教养生文化和药材产业融入景区，形成温泉区域发展的"彩色保障"模式。在汤沟，人们可以像农家乐一样采摘新鲜的食物做午餐，还可以采摘适合自身体质的健康药材泡温泉，现采现泡，这是"有机养生温泉"。

四、产品包装

区域性的主题提出之后，就需要解决本区域周边的产品同质化竞争问题，也就是说项目周边区域往往具有类似的温泉资源、山水资源、人文文化资源，产品过滤就是在找到本区域的特色之后，为了保持和相邻区域相似产品的差别，采用独特的概念包装主题，形成自己独特的主题概念。

在"道教温泉，巡浴河谷"的主题基础上，还可以采用更哲学的模式、更精炼、更独特地提炼主题概念。这样，首先需要深入的将文化融入。

五、文化提炼

如何将道教文化和温泉度假区融合？首先需要对道教文化进行结构性解析。

道教养生文化，如果从逻辑层面来分析，大致可归纳如下：

物质层面——保养身体，导引行气；精神层面——呵护心灵，坐忘守静；信仰层面——身与神合，存思守一；细节层面——起居有道，诸多禁忌；延展层面——睡眠有术，禅定三昧；基础层面——融合自然，更益身心。

1.物质层面——保养身体，导引行气

这是一个基本物质层面，身体是基础，所以寻找有益于维护身体的方法就成为道教养生文化的初级层面。包含两个大的方面：自身身体的运动——导引，以及和自然的交流——行气。从这里可以看到，道教文化对于自然的看重。天人合一的思想深深融汇在道教文化之中。

2.精神层面——呵护心灵，坐忘守静

心情对身体的影响很大，在今天这已经变成了一个常识，但我们却越来越多的人为此饱受折磨，所以道家不仅在很早就认识到了这一点，而且积累下来的丰富的方法，对当今的我们而言是非常需要的。

3.信仰层面——身与神合，存思守一

信仰是对精神的再次提升，这是更高的境界。我们的身体不仅要和自然交流，我们的精神也要和自然交流，"坐忘"之后的"存思"，这种理念可以和西方的哲学观——"科学的尽头是宗教"媲美。

4.细节层面——起居有道，诸多禁忌

对细节的再次关注是一种轮回，也表明了道教文化的务实和科学，追求境

界，但循序渐进；追求精神，但不忘物质是根本！

5. 延展层面——睡眠有术，禅定三昧

一种文化在其发展到一定阶段后，会形成完善的系统，之后还会出现延展现象，将养生向无意识的睡眠状态延展，这是道教文化成型的一种标志！

6. 基础层面——融合自然，更益身心

"天人合一"的人生观和宇宙观，是没有在本源上忽略自然环境的，在良好的环境下修行，势必让我们事半功倍！

这六大层面，有人与自然的内外互动，有身体机能的巡回呵护，有精神境界的循序进阶，我们可以依此寻求到其在物质和环境上的层层需求，从而为规划设计师演绎出潜在的道教养生"环境密码"。

六、融合思考

认清了道教养生文化的六大层面，就可以分层次将其融入在休闲度假区中。初步可以采用"331"模式来应用：3套定式系统、3级环境系统、1个辅助系统。

1. 建立三套定式系统

（1）定式训练系统。首先，在物质层面上，需要建立一套系统的类似瑜珈的练习方法，形成清晰的训练定式和训练周期。

（2）定式饮食系统。编制科学的道教养生食谱，形成不同季节的独特定式饮食系统，结合当地的天然原生材料，提供独特的饮食。

（3）定式睡眠系统。制定不同的进阶训练，培养睡眠方法，做好无意识养生。

2. 建立三级环境系统

（1）基础环境——大环境。建立完整的区域环境系统，包含山谷、河流、森林、湿地等，包含负氧离子含量，尽量使环境幽静自然。

（2）静思环境——小环境。建立私密的小空间环境，便于人们清净心灵，回归自我。

（3）信仰环境——特质环境。这类环境对意境的要求更高，除了私密、幽静外，还要求环境有诗情画意的感染力，要注重环境的原生性、以及独特的人文性。

3. 建立科学的辅助系统

在体检、保健、理疗、美容等方面引进专业的机构，建立科学的辅助系统，这样品牌会具有更强的生命力。

总之，当今的道教养生，应用科学的态度来理性解析、取舍融合，同时建立"天人合一"的自然环境系统作为其依托；以医药、饮食作为其辅助手段，更以特色资源作为其亮点，方可建立良性的产业之路，逐步建立独特的道教养生文化品牌。

七、层次比较

温泉文化有三种层次：养身、悦心、怡神，它们和道教的修养层次正好相对应。

道教养生	温泉三境界	环境需求
身与神合，存思守一	怡神	顶级环境品质
呵护心灵，坐忘守静	悦心	高端环境品质
保养身体，导引行气 起居有道，诸多禁忌 睡眠有术，禅定三昧	养身	优良环境品质

认清了二者的对应关系，我们就可以将道教文化和温泉文化相结合，相辅相成打造独特的温泉度假区。

认识到了道教养身的三层次，认识到了温泉的三境界，更认识到了老子"道生一，一生二，二生三，三生万物"的深邃哲理，启迪我们产生新的创意思考，得出更新的主题概念——"3温泉"。

"3温泉"是对温泉三境界、道家三层次的高度感悟！是以西方的数字，析老子之哲理，从物我两忘之境界而得出的全新温泉主题概念。

国内的温泉主题，或以地名简单称之，或挖掘独特的特征而名之，更有甚者以天马行空之语言渲染之，"3温泉"则反其道而行之，而一切又"道法自然"，新颖而贴切。

国内温泉，南方温泉得于景观而失于气候，然而景为眼中所见；北国温泉，温泉河谷深处，白雪皑皑时分，天人合一之际，心中已无景，唯觉物我两忘，三境合一，此"3温泉"之独特魅力所在！

或有人问，"3温泉"与台湾"三温暖"区别在何处？"三温暖"仅为台湾"Sauna"（桑拿）音译和意译，与"3温泉"有本质之区别。

第二节 标识设计

标识定义较为复杂，且一直随着时代的发展不断变换。CIS是一种较为全面的理念系统。CIS是英文corporate identity system的缩写。意思是"企业识别系统"。基本上由三者构成：1.理念识别(mind identity，简称mi)；2.行为识别(behavior identity，简称bi)；3.视觉识别(visual identity，简称vi)。MI是抽象思考的精神理念，难以具体显现其中内涵，表达其精神特质。BI是行为活动的动态形式，VI用视觉形象来进行个性识别。CIS的早期发展阶段是CI，英文(Corporate Identity)的缩写，中文译为企业标志。CI20世纪60年代起源于美国，70年代传入日本，80年代末传入中国。LOGO是英文logotype的缩写，中文是徽标、标志、商标的意思，它是CIS里最重要的视觉识别组成部分，指任何带有被设计成文字或图形的视觉展示，以用来传递信息或吸引注意力。

创意方法

标识设计方法在专业书籍中有系统讲解，在此不作系统阐述。对于城市LOGO和企业LOGO而言，有几种方法是可以借鉴的。

1.名称演绎

根据企业名称的中文来设计企业标志，中文属于象形文字，设计可以通过查篆书等其他古文字字典，知晓名称最早的含义，以此为基础进行创作。并且，中国的书法具有可借鉴的意义，可给设计者带来创作灵感。为了加快国际上的交流与传播，标志设计里也要注明英文名称，携带出一种与地域、企业精神相类似的人文精神。英文组合不是简单的字母排列，要与企业所涉及的行业特点相一致。

2.特殊图案

旅游标志的设计，往往融入人文特征、地脉特征、空间特征、资源特色、自然肌理，以借喻、表征、夸张、几何化等图案深刻巧妙表达出来，构图凝练艺术又充满生命力。

实际设计过程中往往两种同时并用，并能产生一种合成文字。无论哪种标识设计，最后都尽可能演绎成一个具有城市、地域或企业人文精神的故事，让人加深对其文化的理解和印象，并利于识别系统的导入和区域品牌形象的宣传。

案例一　三角板的故事

——打破边框　成就梦想

昵称：变形金刚
注册号：7040020
所有人：北京景创规划设计有限公司

　　2006年秋，景创公司成立后，期望拥有自己的LOGO。公司的英文名称为viewcreate，意为"梦想的创业者"，起初的设计思路一种是用中文"景创"来构思，另一种是用英文名称来构思；许多方案之后，总觉得不甚满意。

　　一天，不觉想到了小时候用三角板画图的事情，那时候还不懂设计，但小小的三角板却帮我们描绘了许多童真的梦想，突然一个念头闪过："V"不就是被我们双手握住的等腰三角板后的样子吗？"V"就是一个没有边框的三角板！于是一个等腰三角板和两个直角三角板，各去掉一个边，形成了景创公司的LOGO。"三"代表了团队，公司是一群有激情的人，用每个人的梦想共同筑成美丽的梦！

　　打破边框，成就梦想！三角板的故事与梦想！

　　LOGO完成后，很多人觉得像"变形金刚"，这似乎正是设计师所需要的"百折不挠""百变创新"的精神，于是取其昵称为"变形金刚"，同时整体构图刚健方正，也是寓意景创犹如一架生产美的机床，用谨严和努力创造多彩的美！

　　让我们一起在设计中寻梦！

案例二　诚信脸谱

——英文象形 描摹精神

昵称：猴脸

注册号：7142010

所有人：北京景创规划设计有限公司

　　把英文单词勾画成一张京剧脸谱，是一个独特的创意，更是一种精神的深刻表达。英文"trust"以"U"为中心，有基本的对称结构。构思中前后两个"T"被设计成了左右脸颊，"U"夸张成了鼻子，"R"和"S"构成了左右眼，只是右眼有了眼睫毛，整体显得略带深沉。

　　为人处世皆需诚信为本，诚信不应仅留于表面，而应成为一种人本精神。这张英文脸谱，将英文单词（trust）象形化，描摹出了一种人人皆需遵守的宝贵诚信精神。

案例三　自然之舞

——山水舞美 绿野生梦

昵称：风火轮

2007年注册成功

所有人：中旅景区投资有限公司

　　标识设计的灵感来源于梵高的名画《星夜》动感梦幻、张力无限的笔触。在构图方面又融合了中国书法优雅恬淡的韵味，力图创造一种匀质优雅的持续动感。

　　客户期望标志能以山川、河流、土地、绿野等景观元素表达其关爱土地、尊重环境、致力旅游的持续理念，"风火轮"正是试图用循环动感的线条来表达山川、河流、土地、绿野等与人和谐共存、永生不息的愿景。

第五章　总体规划

　　一种优质的人文思想，可以诞生出良性的土地发展价值观。这种良性的价值观，又可以衍生出多样而合理的规划模式，继而又逐次影响下一环节，最终产生美好的人居环境。当今我们欠缺的，不是一个片段的新潮理念，而是极度匮乏影响全民的优质的人文思想。

规划类型

　　整体而言，对于区域性土地，有城市总体规划以及旅游总体规划。城市规划是对土地开发的顺应式分配，旅游规划是对土地价值的主动性思考。所以城市规划须更注重专业，而旅游规划须更注重策划！传统的城市规划是自然分配式的，主要为了满足城市按规律发展的需要，即使"经营城市"的理念，也只是对城市附加值的挖掘，不是规划主体；而旅游规划需要通过战略策划，充分利用区域的独特资源创造出主动价值。旅游规划是某一区域土地持续发挥价值的一种引擎。这种引擎的存在是源于人们对轻松生活的一种需求。这种需求是跨越时代、地域普遍存在的。传统的城市规划是一种自然的城市扩张计划，它是一种自然式的。

　　旅游规划和城市规划的结合，可以解决区域范围内城市人的需求，又可以通过吸引外来者带来效益，使城市具有新的活力。当今的旅游规划也需要积极引进城市规划中的技术成分，才能更科学地创造打动来访者的空间感受。

能动规划

　　"能动规划"就是为适应市场经济需求，在传统规划模式的基础上，主动融入营销概念，也即将产品规划和营销规划同步联动的新规划模式。这种方法改变了传统规划在市场方面的被动性，是具有市场营销概念的"能动性"的规划。

　　"能动规划"能为营销提供卖点，传统模式的规划主要解决"游客来了怎么办"，而"能动规划"还进而思考另一问题——"怎么能让游客来？"具备营销卖点，就是为项目找到吸引"客源市场"的主题。能动规划包含：一个核心——主题概念；两大层面：营销战略层面、旅游体验层面。

项目案例

　　图5.2是一项文化产业示范园区类型的规划，主题为——"中华文化湿地，常宁生态水城"。意在通过环境和人文文化的结合，寻求区域持续和谐的发展模式。图5.3-5.5是休闲度假类型的规划，在规划、建筑、景观专业对传统旅游规划的渗透方面做了创新尝试。图5.6-5.9则是旅游总体规划的类型，除专业整合之外，开始考虑经济、人文、艺术等多方面的融合。

图 5.1　山东荣成海驴岛旅游规划效果图

图 5.2　西安长安区常宁西市文化产业示范园区总体规划

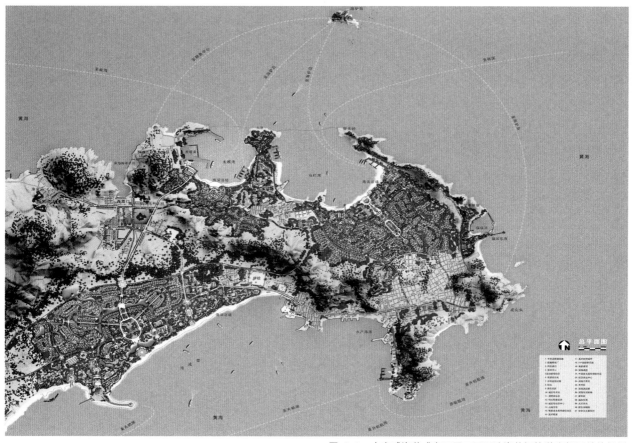

图 5.3 山东威海荣成市西霞口国际滨海休闲旅游度假区总体规划

本项目为山东省旅游局打造中国北方滨海休闲旅游度假示范区的重点项目，并荣获2008年度"山东省旅游产业创新奖"。

西霞口位于山东省荣成市，拥有一个AAAA级风景旅游区——成山头；也是"福如东海"——中国福文化的发源地，有着深厚的人文资源。它是中国大陆伸向海洋的最东端，渤海湾的东大门，西靠天津港，北邻大连港，东依韩国平泽港。这种独特的区位优势，使得西霞口通过海上航线直接联系国内国外重要的客源市场成为可能。

本项目的规划设计，在传统旅游规划设计的基础上大胆创新，将城市规划、景观设计、旅游策划等众多专业结合起来，提出了"旅游整合规划"的新理念，在设计的深度、广度、图纸内容，以及项目的可操作性方面，都较传统旅游规划有重大突破。

图 5.4　西霞口国际滨海休闲旅游度假区总体规划夜景鸟瞰效果图

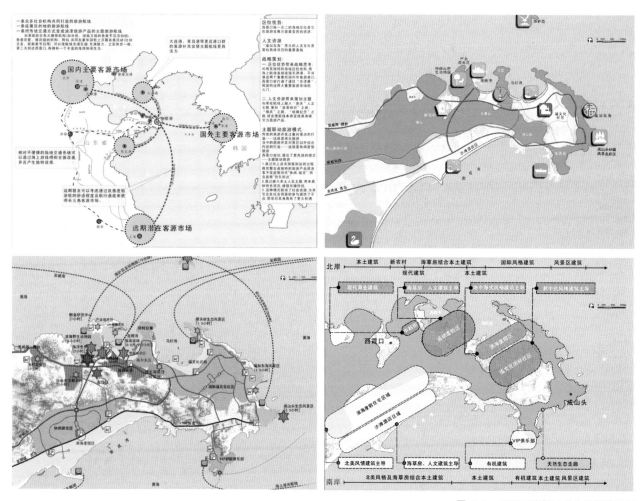

图 5.5　西霞口度假区总体规划分析图

　　根据规划的分区和功能需要，按照科学的人流疏散模式，结合该项目自身发展特点，在不同区域设置服务中心和功能配套设施，构建立体的交通网络，合理的分流人群。

　　按照季节，根据游客的客源、时间、消费水平和出游目的，组织科学合理的不同旅游线路，使所有来景区的游客，都有美好的丰富多彩的体验，并对景区留下深刻的独特的印象。

　　针对不同的项目给出不同的近远期规划，并辅以大量的科学数据；建立非常精确的发展参考模型，指导项目的实施。

　　在尊重本土文化的同时，更注重对其人文内涵的挖掘。在不同的设计层面上，合理的渗透、延展，更赋予其深刻的意义，使得项目成为一个可持续发展的有机生命体。

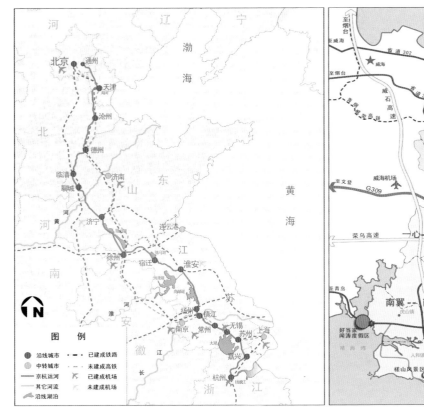

图 5.6 京杭大运河旅游线路总体规划

图 5.7 山东威海荣成市旅游产业发展总体规划

运河全长1794公里，沿途的观光景点众多，如此长的旅游线路和如此多的景致在国内外的旅游项目中都是十分罕见的。

本规划认为，京杭大运河首先是一个整体文明，打造一条整体的旅游线路肯定是十分必要的。然而对于大众游客来说，地域和时间成为旅游的限制，将如此长的运河线路分段打造具有更加现实的意义。因此，大运河的线路规划需要从如何打造整体游线和局部游线两大方面来思考。

整合与分解的两方面具有相辅相成的关系。整体游线的合理发展，有助于提升运河的整体品牌号召力，对分解旅游也会起到良好的作用；做好了局部游线，并且将局部区域自身的旅游资源融合进来，将极大丰富运河的旅游体验，也将提升对运河整体旅游的感受。因此可以说，整合是品牌战略和资源统筹的需要，分解是客源拓展和产品多元的需要。

本项目提出的旅游口号"极地胜境 好运荣成"、"好运角"现已在央视及其它媒体中投入使用，并且取得了较好的宣传效应。

本规划将"滨海养生"作为荣成旅游产业的发展定位，通过发挥极地优势、依托山海资源、渗入养生文化、联动渔业产业、拓展海上旅游，将荣成打造成为——"国际滨海养生休闲度假旅游目的地"。

依据目标，将荣成整体分为"一心两翼三组团"的总体旅游发展结构。每一组团都依托成熟景区，立足自身区位、交通、资源，重点发展一个休闲旅游度假区和休闲农业体验区。

发展策略：北部组团："依托极地，销售朝阳，联动山海，借势观光"。中部组团："产业联动，整合营销"。南部组团："资源互补、企业自建、多点并进、多种体验"。

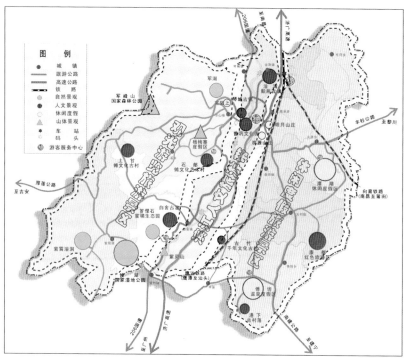

图 5.8 江西抚州市南丰县旅游产业发展总体规划

中国产业融合型旅游规划。

　　首次在全国范围内将乡村旅游品质从"农家乐"提升到"县域乐"高度。

　　本规划范围为南丰县域全境七镇五乡一场,总面积1920平方公里。

　　根据南丰县的资源特点和产业特征,采取"产业融合"的规划手法,把旅游业定位为战略性支柱产业,融合蜜橘产业、文化产业、工业产业的优先发展产业,全县形成以旅游业为枢纽、以蜜橘产业为核心、以工业产业为补充、以文化产业为亮点的产业融合示范区。

　　旅游口号:

　　——"南丰福地 世界橘都"。

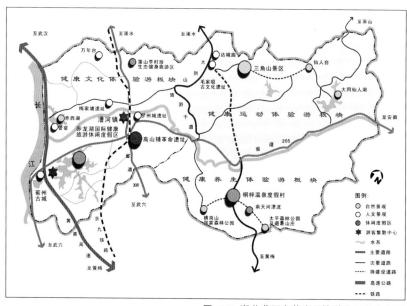

图 5.9 湖北黄冈市蕲春县旅游发展总体规划

　　本项目通过对当今全国名人故里游,红色旅游广泛存在景点单一、旅游主题与当今时尚、休闲主题游存在偏差、交通不便捷等一系列问题,经过深入探讨之后,提出适合蕲春旅游发展的最佳模式,即:不但要有名人故居元素,还要改善交通、融和本土人文、结合自然环境、发展相关产业、创新旅游产品,将各种产品组合为多目的地旅游产品。我们把这种模式定义为——"混合目的地战略"。

旅游总体形象定位:

1.医圣故里 健康蕲春

2.医圣故里 健康之都

3.医圣故里蕲春,健康身心胜地

空间上打造:

1.休闲山水时尚游

2.健康山水体验游

3.生态山水深度游

第六章　景区规划

　　传统的景区规划模式是"待客模式"——游客来了怎么办？当今景区规划渴望的是"拉客模式"——游客怎么才会来？市场竞争的格局要求规划变得更有市场主动性，规划需要更多考虑市场要素。随着市场营销日益成熟，营销已不能作为一种孤立的推手，必须和景区主题完美融合，同步进行，甚至影响景区主题的创新定位。

发展阶段

　　我国景区旅游发展的历程可以分为三个阶段：发现型、营销型、创建型。

1. 发现型

　　景区多为自然景观、人文古迹，在被发现后依托自身世界级的独特资源优势给游客强烈感染，继而名声远播，获得巨大的市场效应，成为国家级风景名胜区。例如黄山、泰山、峨眉山、张家界等。这类景区的成功主要依赖其自身资源，它们的开发很多得益于地质工作者的发现而非创意。

2. 营销型

　　在初期具有顶级资源的景区开发风潮过后，许多景区拥有一定的资源条件，但又不足以以此产生巨大的市场号召力，它们通过运用新颖概念进行包装，举行各类活动，继而强势营销获得成功，例如四川碧峰峡等景区。这类景区的成功主要在于其他景区还没有注重营销的时候，通过赋予一个新颖的卖点，继而策划吸引眼球的活动，通过系统营销吸引游客。

3. 创建型

　　当旅游资源景区已经差不多都被开发，而营销又普遍被关注的时候，景区的发展就进入了创建型阶段。所谓创建型，就是景区发展不再仅依赖营销，而是通过对主题的深入思考，通过创意出兼顾市场营销和旅游产品的主题，继而依此建设景区，系统营销，最终获得成功，例如深圳东部华侨城、海南三亚南山文化旅游区等。这个阶段，对规划、建筑、景观、经济、人文、艺术等众多方面提出了高度融合的要求，可以说这一阶段对设计的要求已经进入了"六元融合"的阶段。这一阶段的产品也呈现出丰富性和多样性，观光和休闲兼具，人文和时尚同行，动感和优雅共生。

创建型旅游模式将是未来旅游发展的一个重要方向。

项目案例

图6.1为景区入口设计，旨在通过元生主义理念探寻独特而贴切的入口形象——燕子塔。图6.2-6.3为景区概念性总体规划。通过"蓄水计划"、"阳光计划"、"梦幻计划"等主题策划和规划设计、景观设计的结合，塑造一种完美而丰富的景区连续体验。

图 6.1　安徽燕子河大峡谷AAAA级旅游景区入口效果图

阳光小镇

机动车道　人行道　廊架及花池驳岸　湖

图 6.2　山东青岛茶山旅游度假区总体规划

图 6.3 紫藤水吧

本项目旨在打造山东独特的运动型生态旅游度假区。以周末休闲为市场目标，以山水野趣为环境基础，以生态运动为主题特色，以健康饮食为必要补充，以住宿会议为功能配套，以水疗养生为产品延伸，力争为游客打造"运动茶山、诗意周末"的休闲生活，让游客在茶山运动休闲中体验"快意人生、惬意人生、诗意人生"。

提出总体战略规划"三年蓄水计划"、"五年阳光计划"、"十年梦幻计划"。整体布局主要分为水雾入口区、阳光小镇区、林荫广场区、水上休闲区、滨水广场区等。

不论是建筑空间还是景观空间，诞生出"创新"的空间是宗旨，朴素实用是基础，诗情画意是目标，具有"人文"气息的新我。上图紫藤水吧的独特设计，也正是具有生命力的创新景观设计。

第七章 休闲度假区规划

　　总有一天，你会有离开城市的念头，哪怕只是短暂的几天。如果是厌了，不妨去旅游观光；如果是倦了，去休闲度假吧，那是歇息你身体和心灵的地方。据说最早的名称叫寺院和道观，只不过那时候还没有多少娱乐设施，只是心灵休闲的地方：休闲度假，修行身体，休闲心灵。

项目选址

　　休闲度假区的项目选址十分关键。首先是距离，指项目和主要消费市场的距离。对于具有独特吸引力的名胜度假区而言，交通方式通常是飞机而不是汽车。距离并不是问题，问题是我们现在面临的可能更多是非名胜度假区，这类项目和主要消费市场的距离宜控制在2至3小时车程以内。如果周边就有名胜景区做支撑，那么情况又会有所不同，这相当于直接拥有了近距离的客源。当然距离也包含了交通状况，它的前提是拥有良好的道路交通系统。

　　其次是环境，除了拥有良好的生态环境以外，最好能拥有独特的自然特征，如海滨、沙滩、河流、湖泊、温泉、岛屿、峡谷、山脉、沙漠、牧场、森林等，这些要素都有可能变成一种稀缺资源，给游客带来独特的感受或能让游客参与独特的活动。

　　第三是容量，容量并非单独指景区的大小，而是景区的地形地貌能适合做什么类型的项目，能否适合建设基本的休闲度假设施以及各类娱乐活动内容。人们来度假区是为了满足休息、娱乐、相互交流等各类愿望，度假区必须拥有相当的环境容量才能使客人获得全方位满足。

体验体系

休闲度假区是一类最适宜采用整合设计完成的区域类型。从游客体验上来看，休闲度假区可以分为三大体验体系：车行路网体验体系、步行环境体验体系、休闲区域体验体系。

1. 车行路网体验体系

机动车道往往是大多数游客对景区最早的感受体系。因此，对车行路网的精心策划，可以使游客获得一个良好的初始感受。在进入景区以及景区内部的车行路网体系方面，可以存在三种体验序列：

（1）软质景观序列：以乔灌木构成的灰空间以及色彩、气味的组合，形成有别于常规车行道的行车体验，暗示区域的进入感。

（2）软质景观引导硬质景观序列：在软质景观的序列中，适当点缀硬质景观元素（可以是与建筑风格统一的符号），强化区域的进入感。

（3）硬质景观引导软质景观序列：随着对区域的逐步进入，硬质景观逐步强化；逐步到入口区域，形成以硬质景观引导软质景观，给人以明确的进入感。

景区外围和内部，常都有景观欠佳区域，需进行相应的屏蔽，这对维持景区的整体景观体系有很重要的作用。

2. 步行环境体验体系

对于步行体系及步行与机动交通的相互联系的设计，是塑造景区高质量环境的重要要素。营造适于人体尺度的步行空间环境，将步行者纳入到这一体系中并与机动交通区分开来，以形成轻松、宁静的社区环境。

人们多在行走中体验不同的空间感受。当徘徊在不同的景观环境中时，人们能够有充分的时间欣赏和体味设计的细微之处，从而在心理上获得愉悦与满足。

鉴于这个原因，需在沿路两侧充分考虑适用于多种步行活动要求的环境空间。通过对道路系统及停车场的创造性设计，形成高效的动态交通系统与静态交通系统，以便尽快地组织疏散进入到社区当中的机动车，减少对步行体系的干扰。

3. 休闲区域体验体系

休闲区域的体验，应首先依据不同类型人群的需求，塑造打动不同类型人群的休闲环境。正是这些不同属性的环境空间，满足了不同类型人群的需求，使得度假区受到群体的一致欢迎。

休闲区域大体有：①公众休闲区；②私密休闲区；③儿童活动区；④青年活动区；⑤老年活动区；⑥浪漫格调区；⑦本土人文文化区；⑧山水生态文化区；⑨户外活动区等等。

图例

① 海岛温泉乐园
② 海洋小镇
③ 临海商业街
④ 浪漫主题区
⑤ 高尔夫球场
⑥ 办公楼
⑦ 度假酒店
⑧ 滨海地产
⑨ 热电厂
⑩ 海洋牧场
⑪ 淡水水库
⑫ 水下龙宫
⑬ 万吨级码头
⑭ 养殖展览馆
━━ 道路
┈┈ 防波堤

项目案例

中国海洋海岛温泉乐园

好当家闻涛度假区总规划面积为37平方公里。包括海岛温泉乐园、蔚蓝海岸商业街、浪漫庄园、海洋小镇、滨海假日乐园、海岸别苑、水下龙宫、海洋牧场、万吨级码头、好当家集团办公区、好当家工业园区、虎山临港工业园区。

度假区的规划，首先建立了经济可行的原则，那便是产业联动互促发展，产品集约快速成型；在产业联动方面，将旅游产业和海洋渔业、造船业、热电厂等多种产业资源结合起来，通过产业产业融合，形成关联的产业链，从而实现效益的最大化，互相促进、彼此带动。在产品集约方面，主要是将温泉养生、渔业产品、山水风光、渔家风情等丰富的旅游资源结合起来，打造丰富的海洋海岛温泉乐园。

在经济可行的基础之上，通过专业整合设计，塑造浪漫的空间环境体系，给客人道路丰富而独特的海滨体验。

图 7.1　山东荣成市好当家闻涛度假区总体规划

图 7.2 "海鸥酒店"建筑设计

海鸥飞过海上花

海鸥酒店（**图7.2**）和海上花商业街（**图7.3**）是依海相望的两座建筑。后者的创意灵感似乎来源与客户"野蛮的艺术要求"，他们想让自己的商业街像"拍打在海岸的浪花"一样美。这将是怎样的一种美？一周多的构思，我几乎快被这"拍上海岸的浪花"拍晕了！

经过多稿方案，我决定采用一种流线型，行走线路组合自由的广场空间。我并没有将注意力集中在建筑外形上，而是想塑造一个让人倍感轻松的步行空间。当然在整体形式上我也不想让建筑显得冰冷，反而想将其塑造得像"浪花"一样灵动、活泼。也即我不仅想让建筑像"拍上海岸的浪花一样美"，我还想让人们像潜入海里的鱼儿一样自由！它们不是在彰显自我的个性，而是在问候你我的心灵！除了平面的线性流动和空间的连续变化外，我还让步行街的人们能便捷地登上顶层观海休闲。这样通过平面和竖向的"无限流动"，给人一种亲切、温暖、自由、轻松的感觉，既呈现一种优雅之美，也体现一种人文关怀！

海鸥酒店的设计要略早于商业街，难点在于我一直不想让酒店客房"简单地直接面对大海"，因为这样只会形成一个单调的外部空间。即使是左右围合，也改变不了这种结构，所以我在左右两边采用了围合，而在中部突出部分对空间做了分隔，使得外部景观环境被分解成略有私密感而又不影响客房视线的两个区。

它的左侧是温泉中心，再北是海洋体验馆，它们中间是半地下停车场，在温泉中心的西南侧则是海岛温泉。

海鸥酒店像是一只飞过大海，歇落在海边的海鸥，在它身后，有浪花涌起，我将构思名为——海鸥飞过海上花。

图 7.3 "海上花"商业街建筑设计

第八章　温泉度假区规划

据说人生境界常常要苦行去达到，但听说密宗能秘密的快乐修行到最高境界。那是我们得不到的秘密吧，该怎样去快乐修行呢？天凉了，去温泉里快乐地感受人生的三境界吧！温泉三境，人生三境：养身、悦心、怡神。

常规知识

温泉是指泉水温度较涌出地年平均气温高的或者水温超过20℃的泉水。各国对温泉温度标准的设定略有不同。在西方，早在古罗马帝国时期，罗马就开发了设施简陋的温泉旅游度假地，后来又传播到了北非海岸、希腊、土耳其、德国南部、瑞士以及英国等地。1326年，比利时铁骑制造商洛普在列日镇附近开发了欧洲大陆上第一个温泉疗养地，以后列日镇逐步发展成为了世界著名的温泉疗养胜地，并改名为"斯巴（SPA）"，SPA也逐渐成为了温泉疗养胜地的代名词。早期的温泉疗养地是温泉旅游度假区的雏形，温泉的治疗作用是吸引众多旅游者的主要因素。17世纪晚期，SPA在欧洲大陆（英、法、德、意、西、葡等国）得到了空前的发展，"享用温泉"成为当时人们的一种时尚。20世纪20年代以后，温泉旅游在世界范围内得到发展，尤以美国和日本的温泉旅游度假区最为闻名。

我国温泉资源丰富，温泉利用的历史也非常悠久。早在两千多年前，秦始皇就在现在西安临潼的骊山脚下修建了"骊山汤"。中国四大古温泉是：西安华清池温泉、江西庐山温泉、安徽半汤温泉及广东从化温泉。

发展阶段

就自身职业经历而言，在约15年的时间里，对温泉度假区的规划设计大概经历了三个阶段：功能规划阶段——海南岛七仙岭森林温泉、四川峨眉山温泉等项目；景观温泉阶段——广东惠州汤泉、湖北赤壁龙佑温泉；主题温泉阶段——江西南丰"橘温泉"、安徽巢湖"半汤一品"温泉、3温泉等。整体而言，应该是一个逐步将地理环境、人文文化以及主题概念等越来越多的要素融入到规划设计中的历程。这大致也是我国温泉发展的基本阶段，从最开始的"泡汤"过渡到对私密空间的关注，再上升到"养身、悦心、怡神"三重境界。

功能布局

在功能结构上，温泉度假区宜将温泉中心独立成区，同时配备酒店、会议、餐饮、商业街四项基本要素（实践证明小型商业街非常受到游客欢迎，也能塑造多样丰富空间）。其他如体检中心、体育活动中心、儿童活动中心以及演艺中心等设施也是需要的，如前期建设受到资金限制，可以在开业之后逐步考虑。以下是几点布局建议：

（1）和温泉中心相比，酒店的布局宜临主干道近些，这样方便客人，同时也能为温泉中心留出最私密、最浪漫的环境。

（2）商业街则可以位于酒店和温泉中心之间，这样既能使客人由酒店到温泉中心行走时有不同体验，又便于积聚商业中心的人气。

（3）在酒店和温泉中心之间最好能有构筑物相连，这样冬天客人行走时的感觉要好一些，但这一点和其他因素经常会产生矛盾。

（4）酒店区除了中心酒店外，如果条件允许，最好能布置一些VIP别墅。同样温泉中心也应该适当配置一些VIP温泉池，高端产品总是不缺乏客户。

（5）大会议室在规模上尽可能做到容纳500人；很多时候这一条件可能成为客户选择度假区的关键要素。

（6）温泉区在结构上可以分为室内区和室外区；室外区又可以分为疏散区、动感区和浪漫区。疏散区主要是将从室内出来的大量人群分散到一些比较密集的温泉池中，这类温泉池最好放一些中药材；动感区是家庭度假中儿童的乐园，浪漫区则是度假区的灵魂！

（7）温泉池最好景观视线面向湖面或是山体，以便拥有良好的自然景观，而入口则需要加强景观遮挡，形成良好的私密环境。

（8）整体规划设计中员工宿舍和相关服务区必须统筹考虑，以不影响沿线主干道景观而又便于出行为宜。

（9）温泉度假区大都建于丘陵地带或更复杂地段，在主干道开挖时就会产生大量土方，宜事先计划好景观格局，在此阶段就整理出景观地形。

（10）选址称心之地，常为风水上佳之处，宜尊重当地人文。

案例一   橘温泉——农业产业融合型温泉

项目名称：橘温泉
项目地点：江西抚州南丰县
设计单位：北京景创规划设计有限公司

傅坊乡温泉度假区位于距县城45公里的傅坊乡石咀村，水温为68度，温水日流量400吨。温泉水质为"Hco3、So4-Na、Ca（碳酸氢根离子、氯离子、钙离子、硫酸根离子、钠离子）"型，总碱度80.63毫克/升，pH（氢离子浓度指数的数值俗称"pH值"。表示溶液酸性或碱性程度的数值，即所含氢离子浓度的常用对数的负值。）值为7.72，其中氟离子（构成牙齿必须的元素 ）、可溶二氧化硅含量较高，分别为8.3毫克/升、122.7毫克/升，熏微量元素锂（强壮骨骼，镇静安神，防治心血管疾病，造血，对肾结石、痛风及风湿有很好的防治作用。）及锶（强壮骨骼，有防治心血管疾病的作用，是牙齿的组成成分，减少人体对钠的吸收、增加钠的排泄）的含量分别为0.755毫克/升、0.1461毫克/升。

一、规划意义

1. 构建特色主题温泉

温泉是一种稀缺的旅游资源，在市场竞争力方面具有优势，但傅坊乡温泉面临临川温泉及其他周边温泉的竞争，如果将傅坊乡温泉与南丰县的特色产业结合，则能依托独特的温泉主题突破周边温泉资源的同质竞争。

2. 带动东部组团的发展

温泉是较容易打造成功的旅游产品，也是众多旅游企业热衷投资的产品，傅坊乡温泉可以成为东部组团的核心旅游产品，通过对温泉的成功打造，对带动康都会议旧址的观光旅游、港下古村落的观光旅游、潭湖风景区的休闲度假具有重要作用。

二、规划主题

中国橘温泉——特色农业产业融合型温泉

构建温泉的三结合体系：即温泉与蜜橘产业结合，温泉与山水环境结合，温泉与道教文化结合，从视觉、嗅觉、听觉、味觉、触觉的"五觉"系统出发，打造南丰"五觉"蜜橘养生温泉。

三、产品结构

包括三方面内容：打造区域橘海大环境，构建温泉蜜橘小产品，体验橘泉疗养全过程。

1. 大环境

以橘树为主体，构建温泉度假区的特色环境。蜜橘成熟时，遍地金黄，美不胜收，使游客在泡温泉前即获得美好的视觉感受。

2. 小产品

泡橘皮、闻橘香、品橘果、蒸橘气。

将蜜橘的药用价值与温泉结合，从橘花中提炼出精油，与温泉结合，形成蜜橘特有的橘香，如蜜橘香熏SPA等产品；将宗教音乐与温泉养生结合，在橘树的环境中创作出特色的"橘乐"，构建平和安详的氛围，增强疗养效果；开发以蜜橘为特色原料的南丰特色菜系——南丰橘宴、蜜橘茶饮等。

3. 全过程

做橘香精油SPA，吃橘宴养生美餐。将蜜橘的采摘体验与温泉的养生结合，形成动态和静态的双重养生形式，先采摘，再泡泉，吃橘茶，做橘香SPA，在温泉度假区体验温泉与蜜橘结合利用的全过程。

四、规划结构

1. 综合服务中心

位于北部，紧邻停车场，分为餐饮、服务中心和客房三大功能板块。三个功能板块呈向北围合状，都可以观赏到以水系为主的山谷优美景观。服务中心位于餐饮和客房中间，方便为游客提供换乘、咨询、导游、门票结算、宾馆预订等服务。餐饮中心置于东部，通道避开了停车场，便于物质配送和生活垃圾的处理，也利于构建优美的室内外景观。客房位于西部，与餐饮分开，保证休息环境的幽静。

2. 温泉中心

位于东部，与北部的餐饮中心相连，便于满足游客餐饮需求。温泉中心提供大众洗浴服务和多种休闲服务，如棋牌、浴足、保健等，满足不同游客的需求。

3. 露天景观温泉

位于温泉中心南部，与温泉中心连接。室外景观温泉与山水环境完美融合，构建台地温泉、谷地温泉和野趣温泉，保证体验的私密性和多样化。在景观方面，利用山地资源及橘树资源，增加景观树种，构建优美的景观。

4. 商业街

位于露天景观温泉、温泉中心中部，便于游客购物，商业街随地势环境而建，提供蜜橘食品、蜜橘工艺品，以及特色产品、服饰等特色商品。

5. 室内体育馆

位于商业街西部，与停车场相连，馆内设有篮球场、游泳馆、门球场、网球场、乒乓球场等多种活动场地，满足游客的健身需求。以温泉保健为主，以生态环境为基础，设有阅览室、活动室以及室外活动区等多种娱乐场所。

6. VIP别墅

位于东北部地区，单独成区，有独立入口，四围以植被、地形环绕，满足幽静环境、高品质生活方式、私密化活动空间、细密体贴人性化服务等需求。区内配套齐全，设运动场地，可进行远程办公。

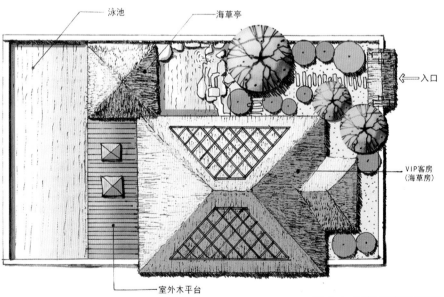

图 8.1 温泉VIP客房平面图

图 8.2　温泉设计

图 8.3　半汤国际温泉酒店建筑设计

图 8.4　温泉中心建筑设计

案例二 梦幻与原乡——一次华丽与朴素的对话

项目名称：安徽巢湖半汤国际温泉度假区修建性详细规划
项目地点：安徽巢湖半汤镇
设计单位：北京景创规划设计有限公司

安徽巢湖半汤国际温泉度假区的修建性详细规划设计，除了用地面积紧张外，业主还明确表示希望主题酒店建成欧式风格。起初我的直觉是想做一个"乡土"一点的风格，让游客来到这里体验到不同于城市的感觉，是轻松之感而不是震撼！业主认为酒店不豪华不足以吸引客人，但他们认可我提出的将整个项目分成三个区：温泉酒店区、温泉中心区、商业街区，各自可以独立经营。我坚持温泉中心建筑保持乡土风格，于是欧式的华丽和乡土的朴素就在湖边展开了对话，我名之为"梦幻与原乡"。

建筑设计离不开"市场"制约，华丽属于一种"正美"，朴素属于一种"闲美"。休闲度假的宗旨应该是让客人的心灵得到放松、得到回归，使游客获得多种丰富的体验。所以很多度假区都有丰富的活动内容，如果一个度假区没有了能让人沉淀心灵的场所，那它终将失去最本质的魅力！

华丽转身，方见朴素之美。梦幻与原乡或许真能共生！

图 8.5　酒店大堂效果图

图 8.6　安徽巢湖半汤国际温泉度假区修建性详细规划

本项目旨在打造安徽巢湖集商业、会议、住宿、温泉、高端地产为一体的综合型大社区。

1. 从资源特色及市场出发，构建高档的温泉中心

本规划考虑到区位的独特性及产品的特色，改变现在单做酒店的想法，借助现在温泉市场的发展趋势，大胆提出建立独立的温泉中心的想法，利用温泉中心打造半汤温泉的代表性产品，使酒店、餐饮中心、会议室既相互独立又融为一体，使原本不宽裕的土地相对适用，因此在设计中采用集约型设计手法。

2. 与湖水相依，互补于背山而建的温泉产品

目前半汤温泉度假区附近已开发的温泉产品多依托山体而开发，本规划则另辟蹊径，利用规划区域紧邻的大面积水域，开发与水结合的温泉产品，与区域内的其他温泉产品形成互补，从而提升半汤温泉度假区的整体实力。

3. 与植物结合，将休闲氛围渗透到道路交通上

在本规划中没有将温泉度假区与道路进行硬性的分割，做成完全隐蔽的温泉，而是用植物围合空间，使在公共区域的人群也能感受到温泉区的休闲氛围。

该项目为三星级日式风格的度假酒店改扩建设计项目。内容主要包括温泉接待中心建筑设计、入口迎宾区改造和温泉区总体规划设计。

本项目的规划设计特色在于：

1. 设计充分尊重场地条件及资源，最大限度地挖掘并保持场地自身的特色；

2. 注重温泉游客及宾馆住客的感受，提供绝佳的私密性；

3. 提供尽可能丰富的、特色化的温泉产品与泡泉感受；

4. 在保证舒适度的前提下，最大限度地节约资源，节省面积与材料；

5. 注重使用与环境很好的融合。

图 8.7　四川成都花水湾温泉度假区改造设计

图 8.8　温泉设计夜景手绘效果图

第九章　建筑设计

生动、优雅、清新、宁静，脚步再匆忙，也勿忘，在建筑中表现诗的意境。诗意就是，我们对人类最初生存环境的潜在眷念；简约主义就是，我们对原始生存之道的潜意识模仿；古典主义就是，人类遮羞之后对美的显性因素的冲动探索；折衷主义则是，不知道该穿还是该裸的可怜舞娘。追随生存之道，衍生建筑之美，是元生主义设计的哲思之道。

设计感言

当代国内建筑设计最缺乏的是优雅的美！现在很多的建筑设计，过多追求建筑内部空间的舒适性而忽略了和周边环境的适应性。"优雅"的建筑，包含两个方面：第一和场地有很好的适应关系，第二有很好的立体形式。独特的优雅的建筑形式从何而来？

三层需求——功能需求、心理需求、精神需求，是我们对建筑空间的三层次需求。

在建筑内部，空间一旦达到一定程度，就应该满足前两者。这三种需求常常会出现一种"情绪流"，它会要求建筑在高度、空间上形成连贯变化；酒店大堂不宜做成一种高度、一个空间属性就是这个原因。它们间接约定了建筑进深。

在基本的功能单元确定后，不同的内部空间交通组织方式，会提供出不同的建筑基础外形，根据建筑的社会属性，选取最接近的进行深入细化，使建筑的初始设计概念在内部的各个空间得以贯彻，最终得到一个满足人心理及精神需求的建筑作品。

开放空间——多一些开放空间，就是给外来者一些关怀，建筑感受自然亲切些。这不单单出现在一些休闲度假的小型建筑上，即便是城市里的高楼大厦，在规划设计的同时也要具有相应比例的开放空间，这会给使用者或是到访者、周围临近的居住者一个除工作之外的功能延展，使得整个的城市形象得以改观。

合用得形——追求设计内容和其所处场地的极度适应性，同时追求科学地使用资源，就能带来美好的作品。

三元求解——三合法求解场地设计和创意，三分法求解细部形态设计。

在建筑外部，根据功能区划分的不同和各交通流线的组织划分，出入口以及广场道路的设计尽可能地让进入者感觉便捷，并使各场地、建筑空间符合建筑本身的主题立意。让空间、层高在统一的基础上，尽可能出现三种或三种以上的变化。在横向和竖向以及纵深上都要做出三种以上的分割，这样建筑在形体的虚实对比上才会具有美感。对于屋顶天际线的变化也是同样的道理，不论从哪个角度看过去，都要在水平舒展的主体建筑上做出高低错落的构筑物，并在底部有较厚重宽大的基础裙房部分增加整体建筑的重心稳固感。每个建筑根据自身的立意，求解出最具代表性的特色元素符号，并将其在各个建筑元素上不断重复出现，只有大小、排列组合的方式不同，这样对于细部的处理有助于更快地求解出设计的作品答案。

项目案例

图 9.1是一项海吧餐饮会所的设计，在继承本地海草房传统文化的同时，并没有一味沿用坡屋顶模式，而是做成了可上人的屋顶平台，这样就开辟出了更多和大海对话的空间，这正是元生主义所坚持的理念。

图 9.2和图 9.3则是分别从旅客体验需求角度及办公人员感受角度对传统空间和流线空间做了一些尝试，但均以实用和优雅为基本原则。

图 9.4—9.5则是"空中儿童乐园"主题，通过将活动场地置于屋顶，而将产业有机布局，从而形成一种"垂直体系"，既有利于产业效益，又节省了大量土地，为城市保留了更多绿地。

图 9.1　山东荣成海吧建筑设计

图 9.2 湖北赤龙湖游客接待中心建筑方案设计

图 9.3 辽宁绥中会展中心建筑设计

图 9.4 山东青岛市儿童乐园总体夜景鸟瞰

图 9.5 山东青岛市儿童乐园总体规划

第十章 景观设计

建筑严整空间，景观软化生活，我们渴求原创的环境，而不是迷失自我的抄袭。我们要来自内心的感动，而不是视觉的自娱。我们要场地的生命力，还要资源的高效利用。构图、空间、体验三阶段设计，正是我们，身体、身心、心灵三层次感受。

设计感言

目前在景观设计方面没有什么比"独创性设计"更迫切了，大量的抄袭，使得我们慢慢迷失了自我。没有独创，场地就没有生命力！

规划追随生存，景观追随生活。

依照一种人文思想而不是一种风格潮流来做设计，这似乎是当今景观设计急需扭转的一种观念。中国的景观设计没有哲学，就不会有自我！没有思想就不会有独创！没有精神就不会有未来！

现在设计艺术最大的问题是我们和原始生存需求距离太远，甚至已经剥离了最初的生存需求，以至于我们已经丧失了对原动力的领悟；使得大家都在通过创造一种不同的形式来确立风格，而不是从其原始的生存需求来探索更优化的原理，进而衍生出新的形式，形成新的风格。

前者往往是没有生命力的，而后者则是可以持续发展的。

设计不是因美而生，而是因为解决了某种人类生存的需求而变得有生命力，变得更美。

利用效率——资源利用效率决定潮流，西方景观设计和我国园林设计相比，其中有一点是非常值得我们注意的，那就是西方的景观设计理念比我们在资源的利用效率上要高，这是导致我们设计落后的一个重要原因。

场地对接——传统园林习惯用流线衔接场地，是因为传统园林没有过多环境容量要求，亭台阁即是人们停留聚会的地方，但在西方景观设计里场地对接理念在环境容量方面大大加强。

构图、空间、体验三阶段，说的正是身体、身心、心灵三阶段感受；所以设计的提升之路，就是不断去满足人的更高层次的需求。

从资源高效利用看东西方景观设计

纵论东西方景观之文字多矣，于此毋庸赘言，然而大体以形态言之。今从资源利用效率之角度，窥视西方景观设计之优越处，不为另立言论，仅求探得方法用之于实际之目的，于此抛砖引玉，以探资源高效利用之法！

西方景观设计理念，之所以被普遍接受，重要的因素在于它对资源的利用方式优越，而非胜于形式。

为什么会出现这样的情况呢？

因为传统园林主要在于皇家园林及以文人士大夫为代表的私家园林，二者一个极度有财力，一个极度有时间，都不会过于在意"效率"，更多在于"反应自我意志"。所以更多是从"审美"出发，而不是从"省力"出发！所以传统园林，非但不是感受差，反而意境更佳！但是现代社会资源日益紧张，节奏日益加快，效益被普遍看重，这样传统园林的手法就无以前生存之基础，反而西方景观设计理念更适合当今时代之要求。

我们的景观设计，不仅应学他人之形式，更应学习他人利用资源之方法，从"审美意境"逐步过渡到"功能意境"，这样我们会形成独特而具有高度适宜性的风格！

项目案例

图中项目均在于探索一种符合场地特征的"原创优雅景观"，可能有些场所需要热烈些，有些场所需要宁静些，有些需要朴素些，有些需要豪华些，但是对于原创地、诗意地环境的渴求却是不变的。

元生主义对于景观的理解，正在于让资源高效利用，让环境有机创新，让独特成为必然！

图 10.1　哈尔滨碧水庄园入口及花架

　　本项目是黑龙江哈尔滨"新洲园林生态住宅"景观规划设计，主要进行该别墅区三期的景观设计。本项目以"绿谷"为主题，以下沉的45厘米的竖向落差，营造出独特的景观轴。在规划设计中，采取不同的处理手法打破了原有的空间结构，并且丰富了立体视线，形成了互补的景观系统。

图 10.2 会所入口景观

图 10.3 二期入口广场设计

图 10.4　私家庭院木立方景观亭

木立方——雅致心灵

出于对当今景观设计中惯于抄袭，欠缺独创精神的厌恶，我决心设计一个自己心中的花园小亭。

文人雅士和小资一派的区别在于，前者是真正的品味，后者是肤浅的玩味！

文人雅士并非不能把东西做精致，当然更多的时候他们喜欢"闲美"，而不是"显美"。因为已经创作了很多充满"闲美"的空间，所以这件小品有意设计成了"正美"风格。人处天地之间，原本沧海一粟，何须金玉满堂，斗室一方足矣！小小木亭空间尺寸不足3米，整体近似立方体，用原木为材料，名曰——"木立方"。

亭中可以一人静坐读书，亦可两人倾心细语，或者周末有闲与父母同坐品茶，共享天伦之乐。

木立方的设计仍然沿用了三元法的理念，将基本元素作三层次细分，力求分出精彩，但又避免琐碎。布局上也首先是从使用的感受出发，以适宜合用为上。

图 10.5 后庭院景观手绘效果图

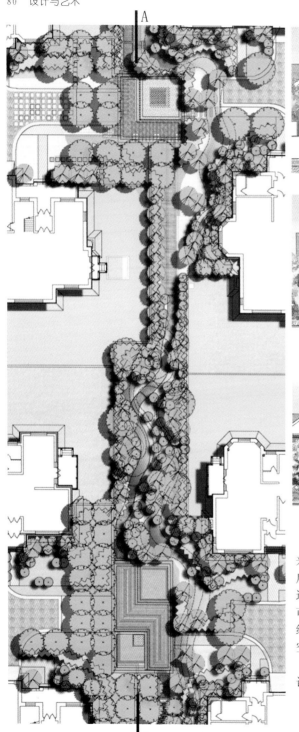

A-A剖面1

A-A剖面2

图 10.6 A-A剖面3

　　绿谷小广场设计采用一侧用挡土墙，一侧用缓坡的处理手法来解决庭院空间和公共空间之间的干扰。整个绿谷采用下沉设计后，绿谷两边有花灌木和乔木的种植遮挡，庭院有景墙的遮挡，这样可以减少绿谷中的行人对住户的干扰，而且挡土墙的设计也可以减少绿谷中穿行的人对住户的干扰；缓坡的设计大大增加了绿谷的绿化面积，还可以向庭院"借景"；庭院私人空间和公共空间互为补充，相得益彰。

　　绿谷的设计可为绿谷两边部分户型退让出侧院空间；侧院设计可以让前后院贯穿，庭院空间变得更有延展性更有连续性。

图 10.7 中国人民大学景观设计

图 10.8 山西柳林煤炭大厦酒店景观设计

艺术篇

　　艺术起初于我仅为一种爱好，后来觉得有许多困惑需要哲学来解答，再至后来在设计中对独特性的追求以及对优雅人居环境的渴望，使我觉得艺术不应单是一种孤立的乐趣，它的意义可以通过融入设计中而变得更深远，它的境界亦需要设计中的哲思来推进。

　　我们不是要把艺术搬进设计中，那样只是一种肤浅的行为。

　　我们应让设计的心灵受到艺术之光的导引，从而创造出优雅，这种优雅在当下或是以后终究会产生巨大的力量照进现实，我们有义务让这种力量发生在当下而非以后，此即"元美生力"。

　　而艺术亦可以因受到设计理念之冲击，展现新的精神与面貌。

巴黎卢浮宫建筑局部

走进卢浮宫这座艺术殿堂，其中的艺术作品给我们强烈的感染，而其中的人文精神也值得我们深思！

第十一章　书法绘画

书静心　画共乐

心乱则书　心悦则画

书法展现自己的内心世界　也修炼自身的内心境界

绘画展现自己的外在世界　也感受自然的生命力

书法笔法就是一种科学用笔的方法

它的核心首先应该是怎样能一次写好更多的笔画

怎样让笔更适应纸

怎样写字更省墨

怎样使自己写得更轻松等等

研究好这些原理有助于让我们的艺术保持生命力

绘画笔法可以以光的方向为向

以最少的笔法来表现

极限合理的东西一定美

而且美得有风格

书法悟语

笔法的魅力在于用一种原则去统一元素和整体，只要是一种元素，发力必有变化，发力至重之处，于全局而言应协调于某一比例——笔法黄金比；这种比例其实是精神的一种表现，每个点画元素都贯彻了某种精神，字方能脱俗，整篇也会生出气韵。

笔画法黄金比和结构黄金比应该统一。

变化的笔法中要有比较均匀的部分，犹如人之脊梁，这样可以使字的精神更加硬朗，字欲有精神，需如人体之结构。

认识到某种原理后，不断重复直至将这种原理变成为自身的一种习惯，这就是一种突破。

书法里面蕴含的节奏感，是在书法之上的一种更高的结体要求，理解了结构之上的节奏，就可以理解前人对书法工具的高超的抗干扰性。

单一线条不宜长，至重发力点不宜置于首尾，力度的变化宜贯穿始终。

左写右写

书法的书写，从右往左是一种约定俗成，然而有很多不合理之处，尤其是字体过小时，第一会遮挡视线，第二还容易弄脏纸面，所以在钢笔字和毛笔写小字时，我一直坚持从左往右写，我想这也是一种元生主义艺术观念吧！古人之所以从右往左写，可能因为那时字是写在竹简上的原因吧。

正心闲境

此前的书法是一种正美阶段，现在日益觉得轻松是一种更高的境界，或者说根本无心再问什么境界，只是为了获得书写时的一份愉悦！

从前是把生命的历程放到笔尖跳舞，或许今后是把生命的喜悦放到笔尖徜徉。

正心闲境，都是人生一种体验！

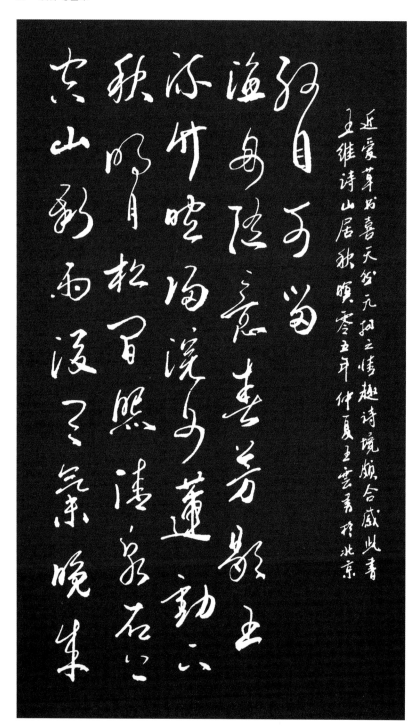

空山新雨后，天气晚来秋。明月松间照，清泉石上流。

竹喧归浣女，莲动下渔舟。随意春芳歇，王孙自可留。

图 11.1　书王维诗《山居秋暝》

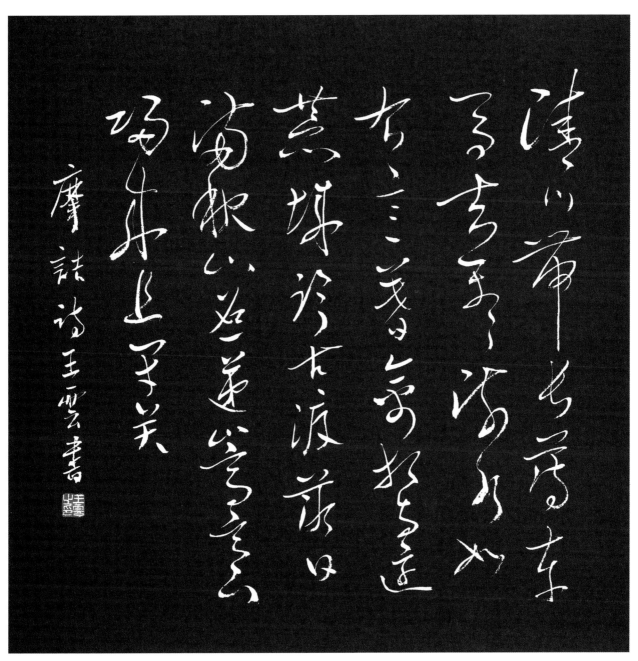

清川带长薄，车马去闲闲。流水如有意，暮禽相与还。荒城临古渡，落日满秋山。迢递嵩高下，归来且闭关。

图 11.2　书王维诗《归嵩山作》

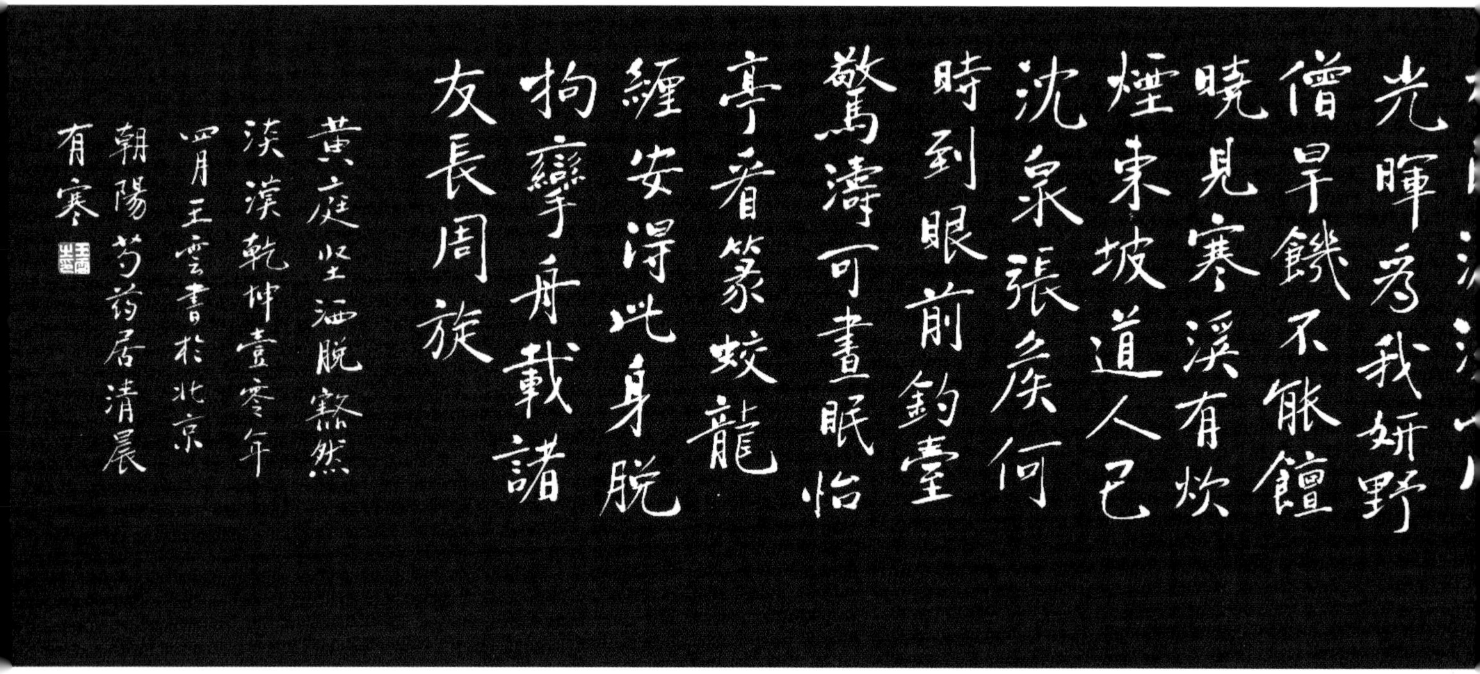

图 11.3　临黄庭坚《松风阁》

松風閣

依山築閣見平
川夜闌箕斗插
屋椽我來名之
意適然老松魁
梧數百年斧斤
所救令參天風
鳴娟皇五十弦
泉嘉二三子甚
好賢力貧買
酒醉此筵夜雨
夜鳴廊到曉
懸相看不歸

《松风阁》

依山筑阁见平川，
夜阑箕斗插屋椽。
我来名之意适然，
老松魁梧数十年，
斧斤所赦今参天。
风鸣娲皇五十弦，
洗耳不须菩萨泉。
嘉二三子甚好贤，
力贫买酒醉此筵。
夜雨鸣廊到晓悬，
相看不归卧僧毡。
泉枯石燥复潺湲，
山川光辉为我妍。
野僧早饥不能馔，
晓见寒溪有炊烟。
东坡道人已沉泉，
张侯何时到眼前。
钓台惊涛可昼眠，
怡亭看篆蛟龙缠。
安得此身脱拘挛，
舟载诸友长周旋。

黄庭坚洒脱豁
然淡漠乾坤
壹零年四月王云
书于北京朝阳芀
药居清晨有寒

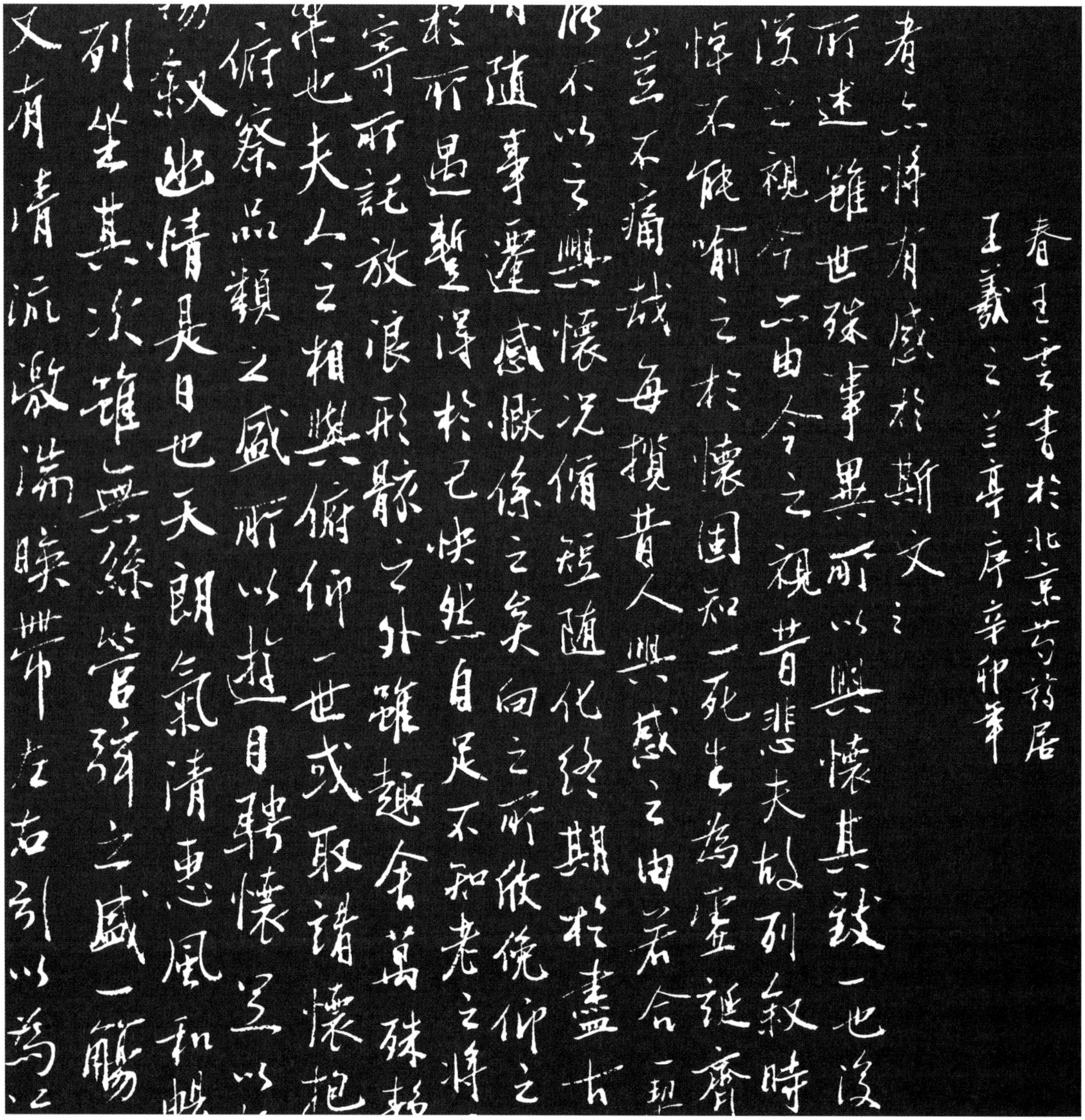

图 11.4　临王羲之《兰亭集序》局部

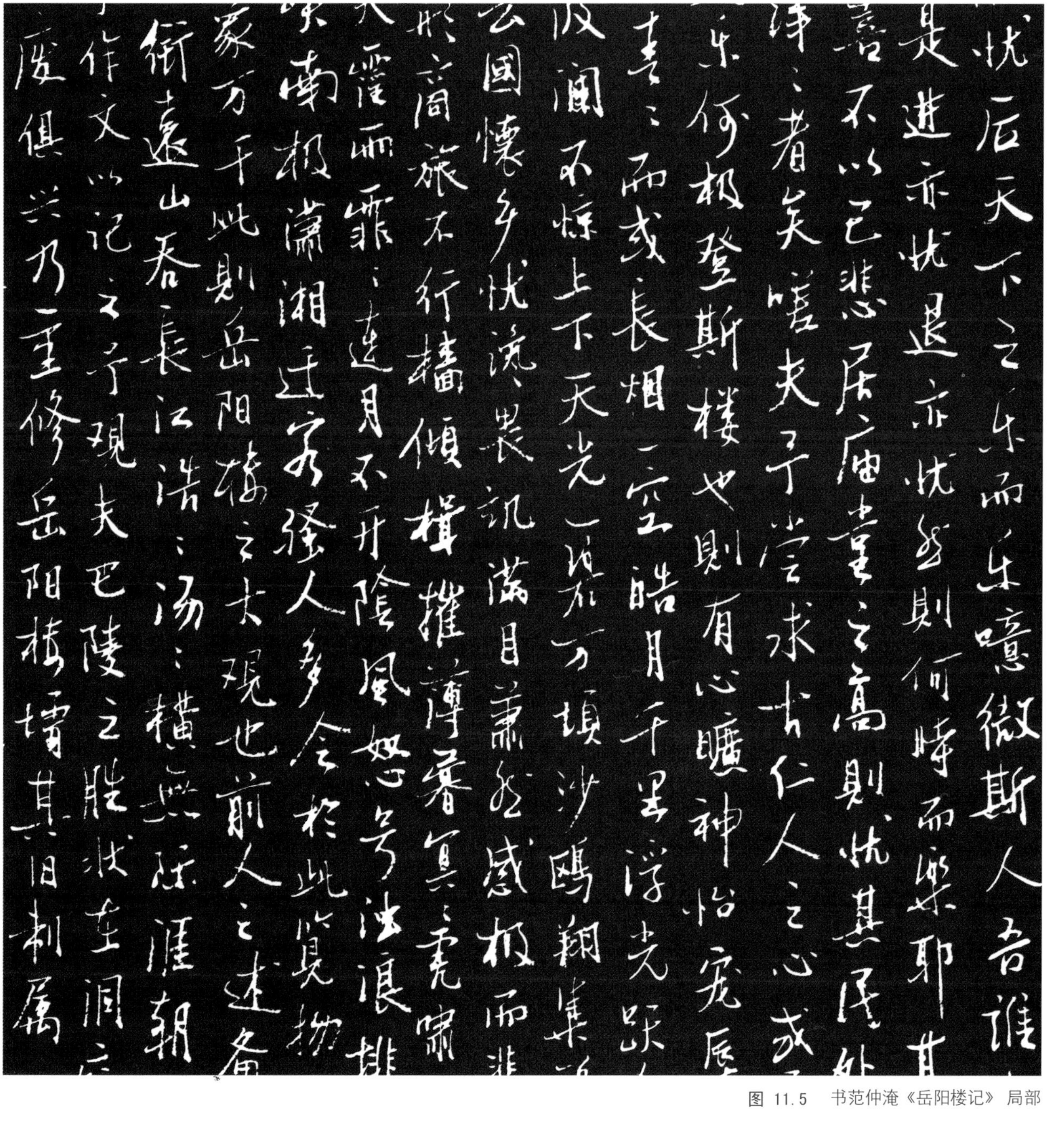

图 11.5　书范仲淹《岳阳楼记》局部

宽 心 处 世

心 得 自 在

德 莫 若 让

知 苦 知 味

图 11.6

千里清秋

江南早春

图 11.7

积雪初霁

翠夏无尘

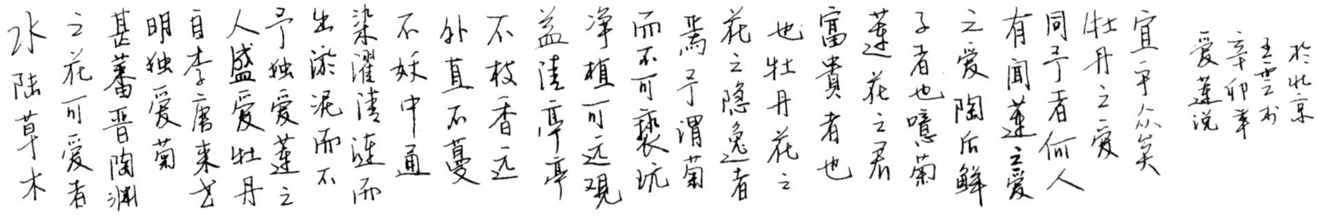

图 11.8   书周敦颐《爱莲说》

　　水陆草木之花，可爱者甚蕃。晋陶渊明独爱菊。自李唐来，世人盛爱牡丹。予独爱莲之出淤泥而不染，濯清涟而不妖，中通外直，不蔓不枝，香远益清，亭亭净植，可远观而不可亵玩焉。予谓菊，花之隐逸者也；牡丹，花之富贵者也；莲，花之君子者也。噫！菊之爱，陶后鲜有闻；莲之爱，同予者何人？牡丹之爱，宜乎众矣。

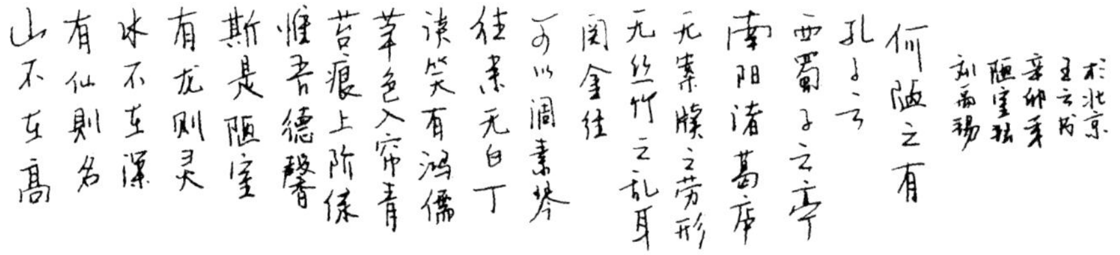

图 11.9   书刘禹锡《陋室铭》

　　山不在高，有仙则名。水不在深，有龙则灵。斯是陋室，惟吾德馨。苔痕上阶绿，草色入帘青。谈笑有鸿儒，往来无白丁。可以调素琴，阅金经。无丝竹之乱耳，无案牍之劳形。南阳诸葛庐，西蜀子云亭。孔子云："何陋之有？"

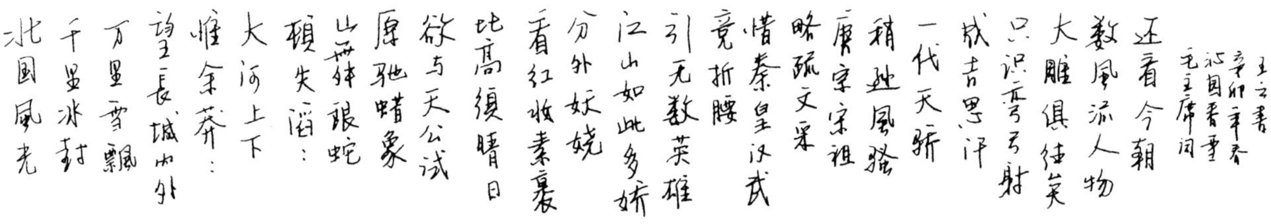

图 11.10　书毛主席词《沁园春·雪》

北国风光，千里冰封，万里雪飘。望长城内外，惟余莽莽；大河上下，顿失滔滔。山舞银蛇，原驰蜡象，欲与天公试比高。须晴日，看红装素裹，分外妖娆。

江山如此多娇，引无数英雄竞折腰。惜秦皇汉武，略输文采；唐宗宋祖，稍逊风骚。一代天骄，成吉思汗，只识弯弓射大雕。俱往矣，数风流人物，还看今朝。

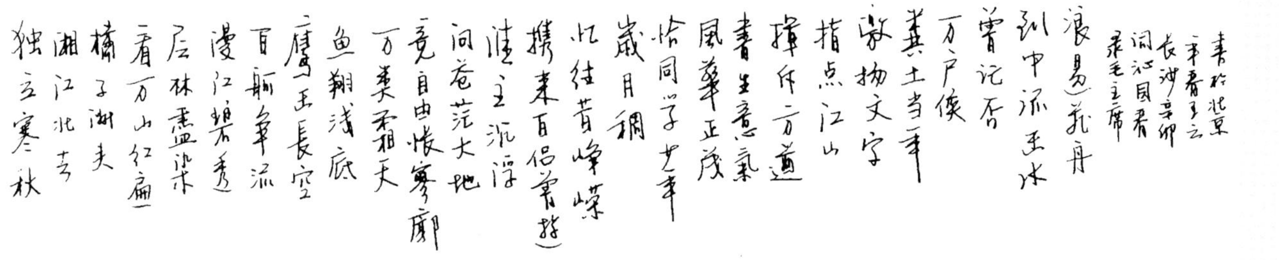

图 11.11　书毛主席词《沁园春·长沙》

独立寒秋，湘江北去，橘子洲头。看万山红遍，层林尽染；漫江碧透，百舸争流。鹰击长空，鱼翔浅底，万类霜天竞自由。怅寥廓，问苍茫大地，谁主沉浮？

携来百侣曾游，忆往昔峥嵘岁月稠。恰同学少年，风华正茂；书生意气，挥斥方遒。指点江山，激扬文字，粪土当年万户侯。曾记否，到中流击水，浪遏飞舟？

而感觉
很温暖
常常有
段时间
北京的那
爸妈来

2011.2

年轻、吉、快乐
眼已经过
口时间转
住在蒋宅
只鞋当时
画下了这
的灯光下
上左柔弱
生左小凳
别鞋架边
本悄了来
拿着速写
不敢左客
厅活动就
怕吵醒父母
睡不着觉
半夜醒来

图 11.12 鞋

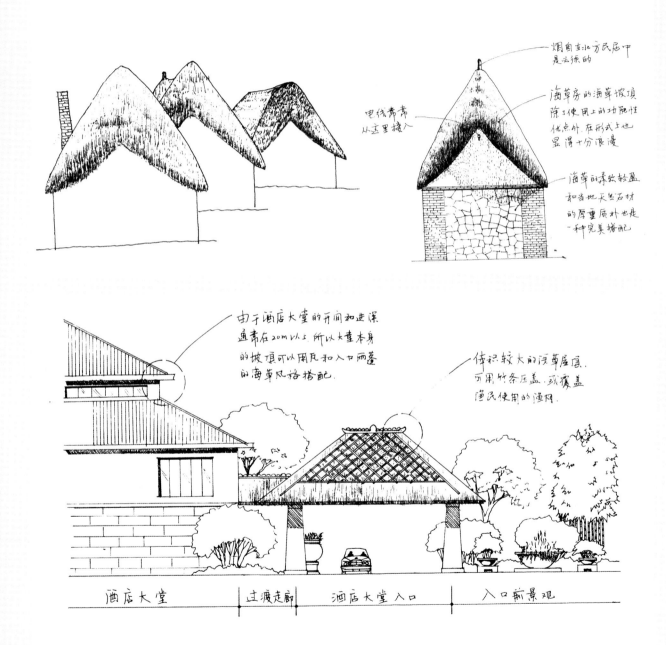

烟囱在北方民居中
是必须的

电线可以
从这里接入

海草房的海草坡顶
除了使用上的功能性
优点外，在形式上也
显得十分浪漫

海草的柔软轻盈
和当地天然石材
的厚重质朴也是
一种完美搭配

由于酒店大堂的开间和进深
通常在20m以上，所以大堂本身
的坡顶可以用瓦和入口雨蓬
的海草风格搭配。

体积较大的海草屋顶
可用竹条压盖，或覆盖
渔民使用的渔网

酒店大堂　｜ 过渡走廊 ｜ 酒店大堂入口 ｜ 入口前景观

图 11.13　海草房手绘草图

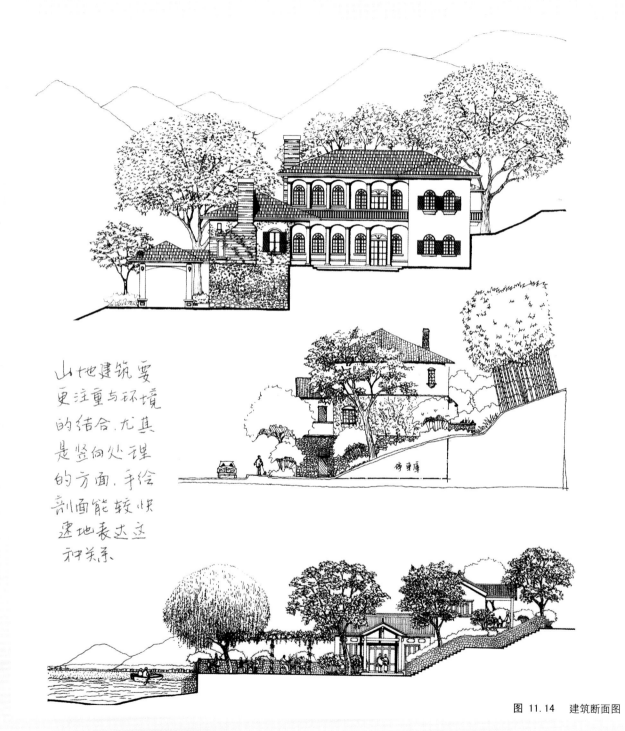

山地建筑要
更注重与环境
的结合，尤其
是竖向处理
的方面，手绘
剖面能较快
速地表达这
种关系。

图 11.14 建筑断面图

冬天的阳光夏天的风
北京某小区的底层架空
空间设计，南部空间(左图)
是一个冬天能晒太阳的
读书空间，北部空间
是一个夏天能吹风的
休憩空间

图 11.15　休闲空间手绘图

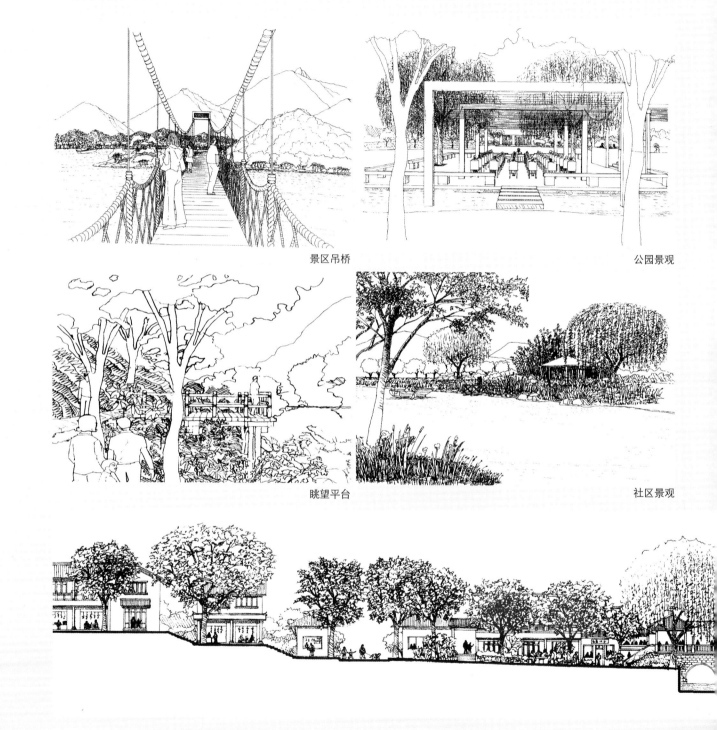

景区吊桥

公园景观

眺望平台

社区景观

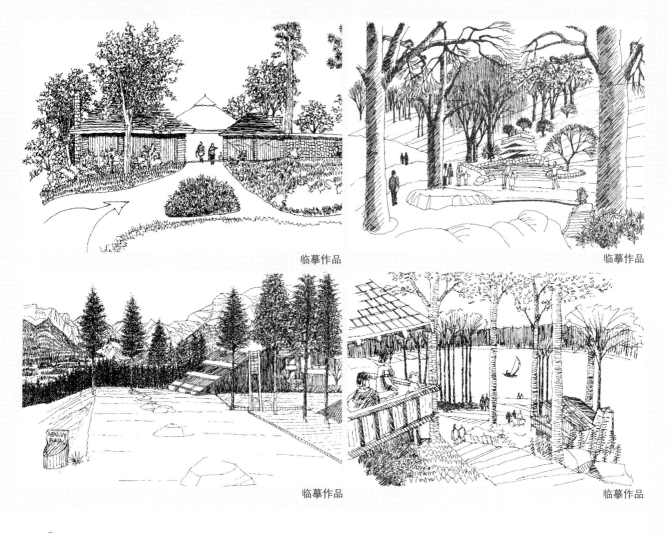

临摹作品

临摹作品

临摹作品

临摹作品

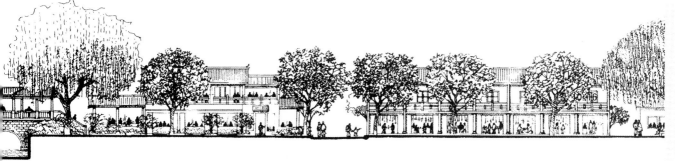

图 11.16 商业街景

第十二章　诗文梦想

诗为心中所梦

文为心中所想

诗是溢出心灵的记忆与怀想

文是藏于胸中的观念与态度

昼作文以明理

夜写诗以驰心

古人写诗是为了和梦中的生活近一点

今人作文是为了让现实的生活好一点

文于是为人所用

诗于是渐行渐远

月 夜 无 眠

——2001年春于潮白河

窗外浅白的草地

间杂有槐树轻轻的投影

四周一片静谧

远行的月光

仿佛没有声音的水

洗去了

那些肤浅的颜色

留下纯净又

冷清的蓝

衬着数株孤立的洋槐

合成一幅

让人惊叹又留恋的画

一切都沉睡了

只有清新的草香

清香徐徐　潜入鼻息

我没了思绪

亦不忍入眠

月 光 邮 件

——2005年秋于爨底下

那是微寒的秋夜

站立露台的瞬间

一刹疑惑转变地惊喜

明月正高过山尖

近又亮 恰正圆

山形似神秘的剪影

山峦似流动的曲线

清静山庄

清新的明月

清冷气息

清淡的瞬间

流传有

丝丝细语轻叹的缠绵

那是错过的美好

还是永恒的遇见

那刹那的月光

能否给曾经感动的心灵

发出永久念想的邮件

秘 密 传 说

——2006年春于北京

很多人

是不是和你一样

带着秘密

告别了

昨天的自己

历经了一段漠漠的路

常不觉暗自神伤

你怕醉酒独处夜深

亦怕他乡落叶缤纷

渐渐地

有些情绪

自己都不愿提起

终有某一天

你想

做一个快乐的自己

你把秘密变成传说

开始做

快乐的自己

秘密变成传说

你真的做了

快乐的自己

喜　欢

——2012年1月于北京

喜欢把书桌

摆在窗前

喜欢周末的清晨

阳光照进房间

或是闲暇的夜晚

发黄的灯光

还有柔和了墨韵的茶香

它清新了开窗的夏天

又温暖了北国的冬天

境遇在变

窗前风景也在变

唯有淡淡的喜悦

常伴桌前

点画之间心便走远

不知觉

随写随画

许多年

第十三章 象棋足球

象棋是思想的力量

足球是身体的力量

二者的真谛都在于训练人的力量

它们都是力量的对抗

都在探求如何最合理的利用力量

象棋是思维的艺术

足球是身体的艺术

我们既需要思想的力量

也需要身体的力量

较量思想之力勿伤吾身

较量身体之力勿烦吾心

此乃局外之想

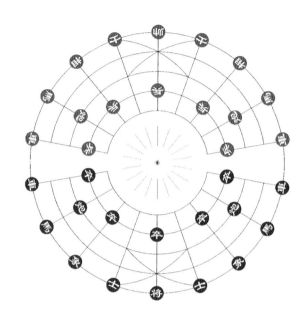

图 13.1　圆形棋盘

作为一名设计师除了专业设计和艺术修养外，良好的身体和敏锐的思维是必不可少的，我们应该注重身体的锻炼和思维的训练。棋类和球类运动可以让我们在快乐中达到这种目的。当然，也决非只有这两类运动才有这种效果。在此所谈仅能算作一种感受。

象棋和足球都是通过对抗寻求快乐体验。

象棋是一种展现思维力量、体验生存哲学的艺术，它要求人们寻求一种极简、高效的办法去解决问题。和围棋相比，后者对世态有更高的概括，因而围棋显得更高雅，象棋显得更残酷。

围棋是要对方认输，象棋是要对方消失。

围棋是商道，象棋是王道。

《橘中秘》说到"局外之想"，是一种境界，更是一种生存之道；有了"局外之想"，首先胜负淡然，无碍吾身心！其次，气定神闲，思维方式更缜密，更益于谋篇布局！

"截棋道"是更多考虑对方的想法，进而制定策略，予以截杀的方法！尊重别人的思路，也许更能找到解决问题的办法。

足球其实也是一门研究合理利用身体力量的艺术，但遗憾是年轻的时候，我们太崇尚对力量的追求，而忽略了对身体合理性的研究。

大学期间曾设计了一个圆形象棋盘，现录于本章，在此写下几句关于足球的话，都算作一种自娱。

球星就是既有方法又有力量的人——能踢——多少球星已经退役做球迷。

球迷就是只有方法没有力量的人——能侃——多少球迷已经进化成教练。

教练就是既教方法又练力量的人——能教——多少教练已经进化成教父。

教父就是只谈方法不管结果的人——能吹——多少教父已经退役坐监狱。

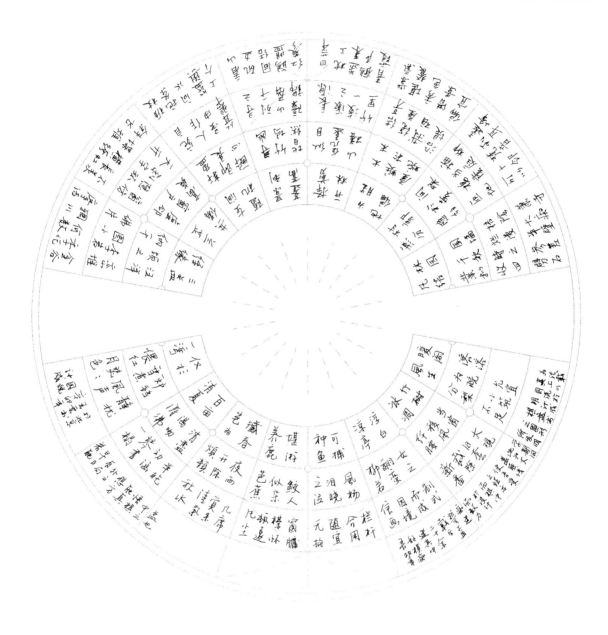

图 13.2　圆形棋盘与《园说》

吾幼年好棋，痴迷其中二十余载。后誓不再痴迷，而致力于设计，而棋中之理亦使吾受益匪浅。此为大学期间所发明之圆形棋盘，书明计成《园说》于其上，以为记载。

香港迪士尼乐园局部

这是一个将设计与艺术以及产业结合的很完美的地方，它启迪我们思考设计与艺术更好的未来！

旅游规划设计目录

1. 江西南丰县旅游产业发展总体规划　2010年
2. 山东威海荣成市蔡家庄旅游发展总体规划　2010年
3. 山东威海荣成市旅游产业发展总体规划　2009年
4. 京杭大运河旅游线路总体规划　2009年
5. 山东聊城市旅游产业发展总体规划　2009年
6. 湖北蕲春县旅游产业发展总体规划　2008年

总体规划设计目录

1. 陕西西安常宁西市文化产业园区规划　2010年
2. 陕西西安长安区博物馆城总体规划　2010年
3. 山西长治居住区总体规划　2010年
4. 辽宁绥中滨海经济区起步区规划　2009年
5. 湖北燕加隆工业示范园总体规划　2008年
6. 北京马坊新城总体规划　2006年
7. 陕西西安浐灞三角洲经济论坛总体规划　2005年
8. 云南丽江雪山水城国际社区总体规划　2006年
9. 上海宝钢新区总体规划　2005年
10. 江苏南京高科技论坛总体规划　2005年
11. 四川乐山市沙湾区城市发展策划　2005年
12. 三亚市鹿回头半岛概念规划　2004年
13. 黑龙江哈尔滨龙江别墅区总体规划　2002年

景区规划目录设计

1. 江西南丰县洽湾橘子古镇旅游总体规划　2011年
2. 安徽金寨县燕子河大峡谷景区规划　2010年
3. 山东青岛市茶山旅游度假区总体规划　2007年
4. 河北易县南湖景区总体规划　2003年
5. 浙江宁波日湖概念性规划设计　2002年
6. 浙江宁波东钱湖陶公山景区规划设计　2003年
7. 四川省美女峰（三峨山）石林风景区规划　1999年

休闲度假区规划设计目录

1. 山东威海好当家闻涛度假区总体规划　2009年
2. 山东西霞口国际滨海旅游度假区总体规划　2008年
3. 贵州西江百苗之窗度假区总体规划　2008年
4. 湖北蕲春县三江旅游度假区总体概念规划　2008年
5. 深圳东部华侨城总体规划　2003年
6. 浙江宁波东钱湖国际度假运动村规划　2002年

建筑设计目录

1. 安徽巢湖半汤温泉酒店建筑设计　2010年
2. 安徽巢湖半汤温泉中心建筑设计　2010年
3. 山东威海荣成市蔡家庄"中国海吧"建筑设计　2010年
4. 山东威海荣成市好当家"海鸥酒店"建筑设计　2009年
5. 山东威海荣成市好当家"海上花"建筑设计　2009年
6. 辽宁绥中滨海新区起步区会展中心建筑设计　2009年
7. 山东青岛儿童公园商业街建筑设计　2008年
8. 四川成都花水湾樱花宾馆温泉中心建筑设计　2008年
9. 湖北赤龙湖游客接待中心建筑设计　2008年
10. 湖北蕲春县滨湖酒店建筑设计　2008年
11. 湖北赤龙湖影视城建筑设计　2007年
12. 贵州西江百苗之窗梯田酒店建筑设计　2007年

景观设计目录

1. 中国人民大学校园景观设计　2011年
2. 山西柳林煤炭大厦景观设计　2011年
3. 哈尔滨碧水庄园别墅区景观设计　2010年
4. 成都中铁龙泉驿小区景观设计　2009年
5. 山东青岛儿童公园景观设计　2009年
6. 山东青岛茶山旅游休闲度假区景观设计　2008年
7. 北京丽都公园景观设计　2006年
8. 长沙湘江风光带景观设计　2005年
9. 上海宝山西北公园景观设计　2005年
10. 北京香江花园别墅区景观设计　2005年
11. 北京万柳亿城中心景观设计　2003年
12. 北京阳光上东小区景观设计　2003年
13. 北京新天地别墅区景观设计　2003年
14. 石家庄国大温泉花园小区景观设计　2003年
15. 温州城市中心区南入口广场景观设计　2001年
16. 四川乐山沫若广场景观设计　1999年

温泉度假区规划设计目录

1. 安徽巢湖半汤温泉度假区修建性详细规划　2011年
2. 江西南丰县"橘温泉"总体规划　2010年
3. 四川成都樱花温泉度假区改造投标第二名　2009年
4. 北京"四季天堂"旅游休闲生活城概念规划　2008年
5. 湖北赤壁市龙佑温泉度假区修建性详细规划　2004年
6. 广东惠州汤泉度假村规划　2004年
7. 四川峨眉山温泉度假区规划　1999年

景创旅游规划标准手册

（2009年制）

简　述

随着时代的发展，旅游正由原先的观光旅游向休闲度假旅游转变，过去以观光旅游为标准建立的手册是以资源为主、以增加服务设施为辅且主要依靠营销手段，而在休闲度假旅游形式迅速发展的时代，旅游主要以创意建设为主，以资源为辅，进入了"创意建设型"阶段。过去建立的以观光资源为主的资源评价系统，已不适应时代的发展，不能适应市场的变化，不能体现每个地方的旅游特色。

本手册制定的目的是使规划的旅游特色能够更清晰的、系统的体现出来，同时突出旅游规划相关的实施策略等方面内容。为了使旅游规划手册更具针对性，本手册分为四部分，分别为：规划文本、规划说明、规划图纸、规划附件。

规划文本主要是体现规划的核心创意。本手册提出规划文本应分为三篇，即上篇——总体规划篇、中篇——市场营销篇和下篇——保障系统篇。上篇包括整体旅游规划的战略和思路的描述、分区及重点项目的建设、相应的旅游产品体系；中篇是从旅游规划的方向出发，对市场进行分析，并采取相应的营销策略，保证旅游规划的市场需求；下篇则不再局限于旅游局的单方面力量，强调与旅游业相关的产业部门的联动执行。

规划说明是对规划文本的展开说明。对应规划文本的上、中、下三篇，说明部分也分为三篇：即上篇——总体规划篇说明、中篇——市场营销篇说明，下篇——保障系统篇说明。在每一篇说明中，首先介绍本篇的主要目的，然后只对规划文本部分需要展开的条款进行说明，对于不需要展开的部分则省略，这样可减少前后文字的重复性。相对于以前的规划文本与规划说明间重复的现象，本手册更加简洁，针对性更强。

规划图纸部分也根据规划文本的顺序展现规划的形态特征。分为总体规划图纸、重点项目规划图纸、设计意向图纸、城市形象设计图纸。依托图纸的直观特征展现规划的逐步递进，更加清晰地了解规划的蓝图构想。

本标准手册以清晰地展现规划思想、规划实施手段为目标，克服了以前的手册中观点不够突出、实施不够明确的缺点，明确了旅游规划的思考方向、规划的创新性和实施的可行性。

规划附件是对规划地区基础资料的搜集整理，及对区域相关资源的思考，是对规划的数据或资源支持。

前　言

释义：本部分是对规划的简单介绍，包括规划的基本内容及各部分的特点。

第一部分　规划文本

规划文本是对规划核心内容的提炼，是整体规划的核心创意，是具有指导性的文案部分。

上篇　　总体规划篇

第一章　规划总则

第一条　规划范围

释义：指规划区域的范围、面积。

第二条　规划年限

释义：指规划的有效期限，可分为近期、中期、远期。

第三条　规划性质

释义：指规划在范围和专业上的定位。

第四条　规划原则

释义：指规划中具有统筹作用的、适用于整体的规则，包括基础原则和特色原则。

基础原则：发展中应普遍遵守的原则，这是旅游业在多年的发展中总结的、应普遍遵守的原则，是从旅游的大范围上考虑的必须遵守的原则。

特色原则：针对本区域具体情况提出的特有原则。在进行一个具体区域的旅游规划时，若只是遵循基础原则，则可能破坏区域的特色。因此，要根据当地的条件制定出符合区域特色的原则，让规划具有地方特点，保证产品的独特性。

第五条　规划战略

释义：指规划中适用于整体或局部的、能够解决区域旅游现存问题的方法，包括旅游产业与农、林、渔及其他产业的融合。

第六条　产业定位

释义：是指规划区域根据自身旅游产业具有的综合优势和独特优势、所处的经济发展阶段以及各产业的运行特点，合理地进行产业发展规划和布局，确定其为主导产业、支柱产业或基础产业。

第七条　发展主题

释义：指规划围绕的主题与方向，保证规划的内容不偏失、不错位。

第八条　发展目标

释义：指旅游规划的目的，包括对规划区域的发展方向，在全省、全国或世界中的地位。

第二章　结构规划

第九条　空间结构

释义：指规划从地域上进行的划分。

第十条　产品结构

释义：指规划的产品之间的关系，产品包括观光旅游产品、度假旅游产品及相应的联动产品等。

第三章　分区规划

第十一条　分区规划

释义：包括分区构成、发展策略、重点项目。

分区构成：指每个分区包括的区域范围，规划分区要完整，结构要严谨，最好以县域划分，以便于政府管理；划分时要注重区域间的资源协调，确保区域间不出现同质资源竞争，保障区域旅游的和谐发展。

发展策略：指本区域发展的具体方法。注重资源之间的互补和产业之间的联动。

重点项目：指为了达到本区域的发展目标，应该重点建设的、具有带动性的项目。

第四章　重点项目

第十二条　项目综述

释义：指出几个分区中的重点项目名称。

第十三条　项目简介

释义：

项目概况：对项目进行总体介绍；

基本思路：介绍项目的发展目标、基本方法、发展主体，使项目建设不偏离地域特色，不偏离整体规划特色。

项目意义：指项目规划的意义。

主要是通过对于项目认识，提出具有创意性的理念，突出地域特色，并指明项目实施后给区域带来的经济与社会效益。

第五章　分期规划

第十四条　分期规划

释义：包括近期、中期、远期的规划时间及在旅游结构、品牌建设、项目建设等方面的发展目标。

第六章　近期建设投资概算

第十五条　近期建设投资概算

释义：包括重点建设项目投资、旅游开发相关项目投资、近期总投资等内容。

第七章　旅游产品体系规划

第十六条　旅游产品规划

释义：根据资源特色、旅游规划形式、旅游业与其他产业组合的产品特点等构成的产品系列。

第十七条　精品旅游线路

释义：指最能突出规划特色的游线。

中篇　市场营销篇

市场营销篇是对规划进行市场检验的分析，提出具有强烈感染力的、符合时代特色及区域特点的城市形象，并依据此形象，进行相应的市场定位和营销规划。通过规划特点研究如何将旅游目的地与客源地对接、将旅游供给与市场需求对接。

第八章　城市形象

第十八条　形象定位

释义：指对规划区域整体旅游形象的高度总结，是对城市个性充分彰显。包含旅游宣传口号。

第十九条　形象设计

释义：指出形象设计的考虑因素。

第九章　市场定位

第二十条　市场细分

释义：根据游客的年龄、职业、出游规模、出游目的等进行的细分。

第二十一条　市场定位

释义：包括国内市场定位、国际市场定位，分为一级市场、二级市场和潜在市场。

第十章　营销规划

第二十二条　营销观念提升

释义：市场由地点概念转化为人群概念；营销包括全员营销、全过程营销和全方位营销。

第二十三条　营销媒体选择

释义：针对不同行业、不同年龄的旅游群体，选择覆盖面积广阔的媒体进行宣传。

第二十四条　营销活动

释义：包括节目类活动、论坛类活动、节庆类活动、主题类活动、名人类活动等。

第二十五条 营销投入

释义：包括资金投入、资金分配、营销分工（政府营销形象，企业营销产品）。

下篇 保障系统篇

第十一章 产业要素规划

第二十六条 旅游住宿设施规划

释义：主要是指酒店等的规划，要求住宿环境体现旅游区的人文景观特色，还应有完善的高中低档住宿设施，满足不同工薪阶层、不同特征的游客的需求。

第二十七条 文化娱乐规划

释义：依托规划的主题及各个分区的规划特色，规划突出主题的文化娱乐活动，包括节庆活动、各种比赛活动及文娱表演等。

第二十八条 旅游商品开发与旅游购物服务规划

释义：从当地资源特色出发开发食品等旅游产品，兼顾纪念品、艺术品的开发；定期举办旅游商品设计大赛，既起到对当地旅游商品的宣传作用，还能促进旅游商品的不断推陈出新。

第二十九条 餐饮服务规划

释义：将本地的特色食品进行系列开发或专项开发，注重旅游体验与饮食的结合，增强饮食的感受。

第三十条 旅行社发展规划

释义：主要是指出扩大旅行社的服务范围的规划，将其服务覆盖散客和团队游客，加强旅行社的规范化、集团化、网络化建设。

第十二章 支持体系规划

第三十一条 资金系统规划

释义：主要是指政府部门采取的吸引社会资金（外资和大集团、大企业、上市公司）的政策；争取国家、省旅游专项资金和旅游试点、示范基金规划；在争取国家银行贷款、旅游行业部门操作旅游产业投资基金等方面的规划。

第三十二条 基础设施规划

释义：包括旅游交通体系规划、给水规划、排水规划、电力系统规划、通讯设施规划、防火、防灾规划、环卫系统规划。要根据规划区域的特点给出切实可行的规划。

第三十三条　服务设施规划

释义：包括游客服务中心规划、安全体系规划、文化体系规划及其他与本项目相关的服务设施规划。

第十三章　保障体系规划

本手册突破以前旅游部门的单一保障体系，强调部门的联动，使旅游的实施得到各个部门从专业上到技术上提供的保障，包括政策保障、政府支持等方面。

第三十四条　管理体系规划

释义：

产业政策：从产业政策上确立旅游产业的地位，从交通、发展基金、经营权出让等方面为旅游产业的发展提供方便，保障旅游产业发展的灵活性。

重点措施：包括政府的政策扶持、规范景区的规划体系、旅游项目的严格审核、媒体的广泛宣传。

管理体制：参照开发较为成功地区的经验，坚持"一家主管，分工协作；责利互驱，各尽所能"的原则进行旅游开发管理工作。

第三十五条　旅游人力资源开发规划

释义：主要从旅游部门、旅游企业及旅游院校考虑。

第十四章　生态保护规划

指在区域规划中，对涉及到的生态资源的保护，对于资源的充分利用方式等。

第三十六条　旅游生态环境保护原则

释义：主要是指依法保护、以点带面保护、综合利用保护、保护与开发并重及可持续发展原则。

第三十七条　旅游生态环境保护等级划分

释义：包括重点保护旅游景区、一般保护旅游景区。

第三十八条　旅游生态保护工程措施

释义：包括大气环境保护规划、噪声环境保护规划、水环境保护规划、环境清洁卫生规划、建筑材料及能源利用规划、生态环境建设规划。

第三十九条　旅游资源保护的政策措施

释义：包括：风景旅游资源保护、人文资源保护、服务业和加工业环境保护、林业资源保护。

第四十条　可持续发展

释义：包括生态可持续发展、文化可持续发展、经济可持续发展。

第十五章　实施措施及建议

第四十一条　从法律法规上保证《规划》的政府权威性

第四十二条 尽快建立配套的政策和扶持措施

第四十三条 组建《规划》实施和协调机构

第四十四条 建立监控机制

第四十五条 旅游总体规划的深化与细化

第四十六条 旅游项目开发及运营

第四十七条 建立技术支持体系

第四十八条 近期工作建议

第十六章 附 则

第四十九条 适用范围

第五十条 规划使用方法

第五十一条 规划执行与变更

第五十二条 解释单位

第二部分 规划说明

（注：本说明仅是对部分有需要的条文进行说明，其条文标号和文本中的标号不一致。）

上篇 总体规划篇说明

从规划背景、资源评价及旅游发展条件分析等方面对规划基本情况进行详细介绍。

第一章 规划背景

对规划区域进行简要介绍，包括区位、所辖范围、交通条件，与旅游相关的资源、产业等。

第二章 旅游资源评价

包括旅游资源类型：人文景观类、地文景观类、水域景观类、生物景观类、古迹与建筑类和消闲求知类等六大主要类型。

旅游资源评价：从资源空间分布、旅游功能上对旅游资源进行评价。

第三章 旅游发展条件分析

一般是指SWOT分析，是对区域旅游内外部条件的各方面内容进行归纳和概括，进而分析旅游区域的优劣势、面临的机会和威胁。优劣势的分析主要是着眼于旅游区域自身的实力及其与竞争对手的比较，而机会和威胁分析将注意力放在外部环境变化对旅游区域的可能影响上面。旅游区域在发展旅游的过程中，必须认清自身的资源和能力，采取适当的措施，才能真正实现旅游的发展。

一、优势分析

一般是指区位优势、交通优势（海上交通、空中交通、陆路交通）、资源优势（自然资源、人文资源）。

二、劣势分析

指旅游区域自身存在的一些制约旅游发展的因素。

三、机遇分析

指面临的国家政策、区域政策或时代发展上的优势条件。

四、挑战分析

指区域内外必须客观存在的、对旅游发展有制约性的因素。

五、SWOT分析总结

通过分析，指出规划区域旅游的发展方向，为规划战略、发展目标等的提出提供铺垫。

第四章 规划总纲

规划范围、年限在此就不再重复，只对规划文本中没有出现的规划依据进行说明，一般包括法律依据、政策法规依据、相关文献。

第五章 总体规划篇条文说明

第一条 规划原则

对规划文本中的内容进行展开说明，包括原则制定的原因、内容、结果等。

第二条 规划战略

对采取战略的原因、方法及作用进行详细的解释。

第三条 产业定位

从旅游的发展趋势、旅游与其他产业的关系上论证旅游在国民经济产业中的定位。

第四条 发展主题

定位的原则：指主题定位如何体现特色，如何利用资源方面应坚持的原则。

主题定位：指出主题，并从资源、文化、旅游、经济等方面进行论证。

开发重点：依据确定的主题，指出由主题引导的几大重点旅游开发形式。

第五条 发展目标

分为总体目标和具体目标，将总体目标分段，从时间上及要达到的游客数量及旅游收入进行估算。

第六条　空间结构

对现在的空间结构进行分析的基础上，指出规划中分区的原因、每个分区的构建重点及分区间的关系。

第七条　产品结构

补充产品结构的形成原因，每个结构的功能。

第八条　分区规划

对分区的现状及存在问题、发展策略、建设的主要内容等进行详细的介绍。

第九条　项目简介

对项目进行更加详细的介绍，包括项目概况、发展优势、发展思路（基本思路、发展特色、发展方向、发展目标）、项目规划（包括开发定位，即主题定位、市场定位、功能定位，品牌打造）、项目开发的意义等方面的内容。

第十条　分期规划

进行规划原因、目标实现过程的补充。

第十一条　近期建设投资估算

补充项目名称及投资金额。

第十二条　旅游产品规划

包括旅游产品开发现状、旅游产品开发目标与思路，指出规划文本中提到的产品类型的具体内容，包括产品所在区域、产品的特征等。

第十三条　旅游线路规划

广域旅游线路组织：面向海外市场，从全国甚至国际的角度，进行线路的组织和设计。加强规划区域与全国重要城市甚至国际城市的路线联系。

区域旅游线路组织：将规划区域的旅游产品与周边旅游产品组合，融入市、省或联合区域旅游路线。

精品游线：根据规划区域的资源特色，划分精品游线类型，明确每条游线包括的景区景点。

具体游线：指出每个规划分区中不同时间段的一日游、二日游等游线。

中篇　市场营销篇说明

市场营销篇说明是对总体规划篇的详尽介绍，用大量的数据、案例等补充阐释的内容。

第六章 市场营销篇条文说明

首先对规划区域以前旅游形式进行研究，根据本规划的特点，指出市场营销的必要性和市场营销的宏观环境形势，再对规划文本中的部分条款进行说明。

第十四条　市场细分

对规划文本中的市场分类进行解说，包括出游方式、出游人数、出游频率、出游心理等方面。

第十五条　市场定位

补充市场定位的原因及发展趋势。

补充市场分析的内容，即根据规划的特色将区域旅游分为几种类型，通过对客源市场的人口、人均消费等分析，得出该市场对规划区域旅游的作用。

第十六条　营销观念提升

市场由地点概念转化为人群概念：对规划文本中提到的地点概念及人群概念进行解析，指出人群概念发展的必然性。对规划文本中提到的全员营销、全过程营销和全方位营销进行解释。

对城市品牌的提升、城市形象的提升、卖点与口号的提升、将口号化为产品、营销行为的提升、目标客源层的锁定等方面进行详细阐释，体现营销提升的一系列过程。

第十七条　营销媒体选择

补充媒体选择的原因、运用形式等内容，使之真正起到宣传规划区域旅游的目的。

第十八条　营销活动

对活动的具体举办方式、作用进行解析。

第十九条　营销投入

补充营销投入的原因及投入后的效果。

下篇　保障系统篇说明

为了使规划顺利实施，促进规划区域旅游的发展，对保障旅游体系进行详细说明。

第七章 保障系统篇条文说明

第二十条　旅游住宿设施规划

从政府扶持策略和企业主导策略两方面规范区域的住宿设施。

第二十一条　文化娱乐规划

对活动的内容和特点上进行详细说明，目的是突出规划对于展现区域特色的作用。

第二十二条　旅游商品开发与旅游购物服务规划

（一）旅游商品资源现状、开发经营现状及评价。

（二）旅游商品开发理念——CI理念，即根据区域的特色确定产品的类型。

（三）旅游商品生产规划，主要从旅游商品的研制和种类上加强开发力度与生产能力。

（四）旅游商品营销规划。

第二十三条　餐饮服务规划

（一）开发具有地方特色的食品系列。

（二）合理布局，突出特色。

（三）增加餐饮方式。

（四）加强餐饮管理。

（五）活化餐饮经营。

（六）开设各种主题餐厅。

第二十四条　旅行社发展规划

主要从总目标、分阶段目标、旅行社发展引导策略几个方面进行详细阐述。

第二十五条　资金系统规划

（一）旅游投资思想：对旅游业的投资思想进行客观的分析，指出旅游投资应注意的方面。

（二）旅游投融资政策：对可以促进规划区域旅游的方法进行详细的说明。

第二十六条　基础设施规划

旅游交通体系规划：包括对外部入境交通、市域旅游景点交通、内陆腹地交通的详细设计、阐释。在给水规划、排水规划中阐释原则、现状及规划。对电力系统规划、通讯设施规划、防火、防灾规划、环卫系统规划中的具体实施措施进行详细说明。

第二十七条　服务设施规划

补充各种服务设施的作用。

第二十八条　管理体系规划

补充管理体系规划的重要性，对每项措施的原因及作用进行分析。

第二十九条　旅游人力资源开发规划

补充旅游人力资源开发的重要性，对人力资源开发的途径及作用进行详细分析。

第三十条　旅游生态环境保护原则

对各个原则的内容进行详细介绍。

第三十一条　旅游生态环境保护等级划分

对重点保护旅游景区、一般保护旅游景区的保护措施进行详细阐释。

第三十二条　旅游生态保护工程措施

（一）大气环境保护规划（规划目标、规划措施）。

（二）水环境保护规划（规划目标、规划措施）。

（三）噪声环境保护规划。

（四）环境清洁卫生规划。

（五）生态环境建设规划。

（六）建筑材料及能源利用规划。

第三十三条　旅游资源保护的政策措施

对于实施保护措施的部门及具体方法进行阐释。

第三十四条　可持续发展

对各种可持续发展的作用及具体手段进行展开描述。

第三部分　规划图纸

一、总体规划图纸

　　包括区位分析图、交通分析图、旅游资源现状分布图、旅游规划总图、旅游结构分析图、旅游交通规划图、旅游分期开发规划图、旅游客源市场分析图、总体发展战略分析图、各分区规划旅游鸟瞰图、分区发展策略图、环境提升效果图、景观效果图等。

二、重点项目规划图纸

　　包括重点项目的规划意向图、旅游总平面图、功能分区图、产品规划图、建筑规划图、环境规划图、活动规划图等。

三、设计意向图纸

　　包括产品示意图、建筑示意图、活动示意图等。

四、城市形象设计图纸

　　包括形象设计方案、形象设计说明。

第四部分　规划附件

附件一、基础资料汇编

包括现状照片

基础资料：规划区域基本概况、旅游资源、交通资源、工农业生产、科教文卫事业、城建环保、人民生活和社会保障、对外开放等方面的资料。

附件二、专题研究

包括：规划区域发展旅游产业的思考、与规划主题相关的理念、文化的研究、建筑的研究、相关国际交流研究。

后记

　　人们常说写书是一种总结，对我而言更像是一种起步。很多现实的问题在现有的资料中找不到解答，或者说找不到让人满意的理论解答，是我写这本书的初衷。我认为其中对很多问题的思考是有巨大意义的。实际工作中设计上的困惑以及业余爱好中艺术上的茫然，促使我尝试着以哲思的方式探求设计与艺术方向，我之本意在于实践而非理论。然而对这些问题的思考、求解，又是一个十分困难的过程，甚至非我目前能力之所及，尤其是在经济、心理、美学等方面，所以对于很多困惑，本书也未能给出完美的答案；在未来的时间里我会继续去探索，同时也期盼有更多的朋友来共同思考。

　　设计是为了给土地带来力量和美，艺术是为了给心灵带来快乐和美。设计与艺术，是围绕着土地与人的生存及生活而展开的思想旅行……

　　写作疲倦的时候，就会不自觉憧憬以前每天能写写画画的感觉。艺术是一种享受，我很迷恋这种状态，这种感觉日渐强烈，我随手写下了《喜欢》这首小诗：

　　　　喜欢把书桌，摆在窗前，喜欢周末的清晨，阳光照进房间，或是闲暇的夜晚，发黄的灯光，还有柔和了墨韵的茶香，它清新了开窗的夏天，又温暖了北国的冬天，境遇在变，窗前风景也在变，唯有淡淡的喜悦，常伴桌前，点画之间心便走远，不知觉，随写随画，许多年。

王云

2012年1月于北京